新世纪普通高等教育
计算机类课程规划教材

计算机
网络实验教程

JISUANJI
WANGLUO SHIYAN JIAOCHENG

主 编 许 侃
副主编 赵铭伟 杨 亮 林 原

U0244114

大连理工大学出版社

图书在版编目(CIP)数据

计算机网络实验教程 / 许侃主编. -- 大连：大连
理工大学出版社，2019.12(2024.8 重印)
新世纪普通高等教育计算机类课程规划教材
ISBN 978-7-5685-1965-6

Ⅰ．①计… Ⅱ．①许… Ⅲ．①计算机网络－实验－高
等学校－教材　Ⅳ．①TP393-33

中国版本图书馆 CIP 数据核字(2019)第 080854 号

大连理工大学出版社出版
地址：大连市软件园路 80 号　邮政编码：116023
发行：0411-84708842　邮购：0411-84708943　传真：0411-84701466
E-mail：dutp@dutp.cn　URL：http://dutp.dlut.edu.cn
大连朕鑫印刷物资有限公司印刷　　大连理工大学出版社发行

幅面尺寸：185mm×260mm	印张：9.5	字数：215 千字	
2019 年 12 月第 1 版		2024 年 8 月第 2 次印刷	

责任编辑：王晓历　　　　　　　　　　　　责任校对：王晓彤
封面设计：对岸书影

ISBN 978-7-5685-1965-6　　　　　　　　定价：32.00 元

前 言

　　21 世纪是知识经济、信息技术飞速发展和全球经济一体化的时代,新经济的主要支柱是计算机和计算机网络。互联网已成为人类的知识宝库,它正时刻影响、改变着人们的生活和工作,每个国家的经济建设、社会发展、国家安全乃至政府的高效运转都越来越依赖计算机网络。

　　随着信息技术和信息产业的发展,我国迫切需要大批掌握计算机网络技术的人才。因此,计算机网络课程已经受到我国高等院校广大师生的重视,此课程已被许多专业列为必修课程或选修课程。

　　本教材遵循"理论知识以必需、够用为度"的编写原则,注重理论与实践相结合,运用了大量实例和例题来讲解计算机网络知识,力求使学生知其然更知其所以然,重在突出内容的先进性和科学性。本教材在写作风格上,力求做到深入浅出、图文并茂,便于自学,以达到"易读、易懂、易学、易用"的目的。

　　本教材分为三部分,第一部分为理论篇,共 3 章:计算机网络基础知识、计算机网络体系结构、网络互连与网络组建层次化结构设计;第二部分为实验篇,共 3 章:交换机基本配置、路由器基本配置、无线网的搭建与配置;第三部分为应用篇,共 1 章:Linux 系统下的网络组建。

　　本教材可以作为普通高等院校计算机网络、计算机科学与技术、电子信息系统、信息管理、电子商务、管理科学与工程等专业的教材或参考书。

　　本教材由大连理工大学许侃任主编,大连理工大学赵铭伟、杨亮、林原任副主编。具体编写分工如下:第 1、2、4、6 章由许侃编写,第 3 章由杨亮编写,第 5 章由赵铭伟编写,第 7 章由林原编写。全书由许侃统稿并定稿。

在编写本教材的过程中,编者参考、引用和改编了国内外出版物中的相关资料以及网络资源,在此表示深深的谢意!相关著作权人看到本教材后,请与出版社联系,出版社将按照相关法律的规定支付稿酬。

限于水平,书中仍有疏漏和不妥之处,敬请专家和读者批评指正,以使教材日臻完善。

编　者
2019 年 12 月

所有意见和建议请发往:dutpbk@163.com

欢迎访问教材服务网站:http://www.dutpbook.com

联系电话:0411-84708462　84708445

理论篇

实验篇

应用篇

理 论 篇

第1章 计算机网络基础知识

1.1　计算机网络的定义

在计算机网络出现之前,每台计算机都是独立工作的。后来人们研究借助通信线路进行计算机间信息的交换,出现了计算机网络。

1.计算机网络的定义

随着计算机网络技术的发展,网络的定义也在不断地变化。目前计算机网络的定义是:将分布在不同地理位置的多台具有独立自主功能的计算机及其外部设备,通过通信设备和通信线路连接起来,在计算机网络软件和协议的支持下实现数据通信和资源共享的系统。

2.计算机网络的功能

(1)数据通信(又称为连通性)。这是计算机网络的基本功能,实现联网计算机间的各种信息的传输,提供传真、电子邮件、即时通信、电子公告(BBS)、远程登录和浏览等数据通信服务。

(2)资源共享。指的是计算机网络中的用户能够部分或全部地享用网络中各个计算机系统的全部或部分软件、硬件和数据资源,这是网络的主要功能。

(3)分布式处理。是指通过算法将大型的综合性问题交给网络中不同的计算机同时进行处理。用户可以根据需要合理选择网络资源,就近快速地进行处理。

(4)提高性能。网络中的每台计算机都可通过网络相互成为后备机。一旦某台计算机出现故障,它的任务就可由其他的计算机代为完成,这样就可以避免系统瘫痪,从而提高系统的可靠性。

(5)负载均衡。当网络中的某台计算机负载过重时,网络可以将新的任务交给较空闲的计算机完成,从而提高了每台计算机的可用性。

注意,网络与多机系统是不同的,多机系统是由两台以上的计算机组成的计算机系统,一般配置在同一地点且不需通信系统来连接。其中任意一台计算机发生故障,不影响整个系统的正常运转。建立多机系统的目的是提高可靠性和运算速度。

1.2 计算机网络的发展过程

计算机网络的发展可大致分为如下几个阶段。

1.2.1 单计算机联机系统(主机-终端系统)

20 世纪 50 年代中后期,多个终端(Terminal)通过通信线路连接到一台中心计算机上,形成了计算机网络的雏形,如图 1-1 所示。

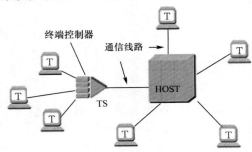

图 1-1 主机-终端系统

终端是计算机的外部设备,没有 CPU 和内存,仅有输入、输出(显示器和键盘)功能,联机终端共享主机(HOST)的软件、硬件资源。

这种计算机网络的缺点是:①主机既要进行数据处理又要负责通信控制,主机负荷重。一旦主机发生了故障,则有可能全网瘫痪,所以可靠性低。②每个终端都独占一条通信线路,线路利用率极低,尤其是终端距离主机较远时更是如此,通信线路费用昂贵。

为了克服线路利用率低的问题,后来人们在用户终端较集中的地区设置一台集中器(又称终端控制器),多台终端通过低速线路先汇集到集中器上,然后再用较高速专线,或由公用电信网提供的高速线路,将集中器连到主机上。

第一代计算机网络的典型应用是:20 世纪 60 年代初,美国航空公司建立了由一台计算机连接美国各地 2000 多个终端的航空售票系统。

1.2.2 计算机-计算机联机系统(主机-主机系统)

20 世纪 60 年代后期,出现了由多个同一厂家生产的主机通过通信线路连接起来的第二代计算机网络。计算机网络结构从“主机-终端”系统模式转变为“主机-主机”系统模式,多台计算机用通信线路连接起来。“主机-主机”系统如图 1-2 所示。

最初主机既负责通信又负责数据处理。为了提高网络效率,减轻主机的负担,将主机之间的通信任务从主机中分离出来,由通信控制处理机(CCP)完成。这样,计算机网络分成通信子网和资源子网两层结构。

网络的典型代表是美国国防部委托美国四所高校协助开发的 ARPAnet,它是世界上最早投入运行的采用分组交换技术的计算机网络,是计算机网络发展的里程碑,它最后发展成 Internet。

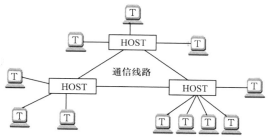

图 1-2　主机-主机系统

1.2.3　开放式标准化网络

为了使不同厂家的不同结构的计算机间能互相通信,计算机网络必须具有统一的体系结构。国际标准化组织 ISO 于 1984 年颁布了开放系统互连参考模型——OSI,并为参考模型的各个层次制定了一系列的协议标准。各计算机设备生产厂商遵循此标准生产的网络设备可以互相通信。OSI 参考模型对网络的发展起了极大的推动作用。

1.2.4　高速智能化的计算机网络

从 20 世纪 80 年代末开始,出现了光纤及高速计算机网络技术、WWW 及多媒体技术,网络应用迅速普及。世界各地的计算机网、数据通信网以及公用电话网,通过路由器和各种通信线路连接起来,利用 TCP/IP 协议实现了不同类型的计算机网络之间相互通信,形成了 Internet(因特网)。Internet 是世界知识宝库,它的出现改变了人们在工作、生活、学习、娱乐、购物等方面的方式和习惯,拉近了人们之间的距离。

1.2.5　移动互联网与物联网

目前出现了云计算、大数据、移动互联网、物联网四个主要的计算机网络平台。人们越来越多地使用移动设备,尤其是手机联入互联网。

2017 年,全球有超过 70 亿个移动终端,今后物联网将彻底改变人们的生活。

大数据与移动互联网是密切相关的,大数据的重要性在于我们能够完成如下三步进化:从数据到信息,从信息到智能,从智能到价值。

当前互联网已经处在一个转型期,所以网络架构必须重新审视、架构、设计、定义。网络转型是不断借鉴、引入创新技术的过程,而软件定义网络(SDN)是操纵网络的新方法,网络功能虚拟化(NFV)是一种新型的 IT 基础设施,将原来需要专属硬件实现的功能,以软件的方式在通用硬件上实现。NFV/SDN 已经成为全球网络行业的热点话题,是发展未来网络的基础和起点。

1.3　计算机网络的组成和分类

1.3.1　计算机网络的组成

1.从组成上看

计算机网络由硬件、软件和协议组成。

不管什么样的网络,它的组成基本是一样的。计算机网络一般由网络硬件系统和网络软件系统组成。

(1)网络硬件系统

计算机网络系统的物质基础是网络硬件,包括计算机、通信设备和传输介质。

①计算机:服务器、工作站。

②通信设备:集线器、交换机、路由器。

③传输介质:双绞线、光纤、无线电。

(2)网络软件系统

网络功能是由网络软件来实现的。系统需要通过软件对网络资源进行全面的管理、调度和分配,并且采取一系列的安全保密措施,以防止用户对数据和信息的不合理访问,防止数据和信息被破坏或丢失,造成系统混乱。通常网络软件系统包括:

①网络操作系统:实现系统资源共享和管理用户对不同资源的访问,是最主要的网络软件之一。

②网络协议:实现网络中计算机间通信而制定的标准、规则和约定。

③网络管理软件:用来对网络资源进行管理和对网络进行维护的软件。

④网络应用软件:为网络用户提供服务并为网络用户解决实际问题的软件。

2.从功能或逻辑组成上看

计算机网络由通信子网和资源子网构成,如图 1-3 所示。

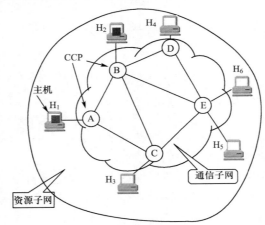

图 1-3　通信子网和资源子网

通信子网:由通信控制处理机(CCP)、通信线路和通信协议构成,负责数据传输。

资源子网:由与通信子网互连的主机集合组成,负责运行程序,提供资源共享等。

通信控制处理机在网络中被称为网络结点,网络结点一方面作为与资源子网的主机、终端的连接接口,将主机和终端连入网内;另一方面又作为通信子网中的数据包存储转发设备,完成数据包的接收、校验、存储转发等功能。

1.3.2　计算机网络的分类

从不同角度、按照不同的属性,计算机网络有多种分类方法。

1.按计算机网络的拓扑结构划分

由于计算机网络结构复杂,为了能简单明了地表述并准确地认识其中的规律,把计算机网络中的设备抽象为“点”,把网络中的传输介质抽象为“线”,形成了由点和线组成的几何图形,用图的形式来研究这些点、线之间的相连关系,这种图被称为拓扑结构图。

确定计算机网络的拓扑结构是建设计算机网络的第一步,是实现各种计算机网络协议的基础,它对计算机网络的性能、可靠性以及建设管理成本等都有着重要的影响。

按照计算机网络的拓扑结构可以将计算机网络分为总线型、星型、环型、树型和网状五大类。

（1）总线型

采用单根传输线作为传输介质,所有的站点都通过相应的硬件接口直接连到传输介质即总线上,如图1-4所示。任何一个站点发送的信号都可以沿着介质传输到其他所有站点上,但只有地址相符的站点才能接收发送的信号。

总线型计算机网络布线容易,易于扩充,但总线的物理长度和容纳的站点数有限,因而多被用于组建局域网。总线中任一处发生故障都将导致网络瘫痪,且故障诊断困难。

（2）星型

这种网络中的每个站点都有一条单独的链路与中心结点相连,各站点之间的通信必须通过中心结点间接实现,如图1-5所示。

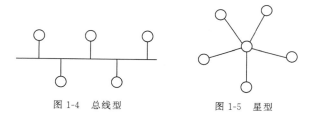

图1-4　总线型　　　　图1-5　星型

这种结构的优点是便于集中控制,易于维护,安全,而且某终端用户设备因为故障而停机时也不会影响其他终端用户间的通信。但这种结构的中心系统必须具有极高的可靠性,否则中心系统一旦损坏,整个系统便趋于瘫痪。

（3）环型

在环型网络中,所有工作站连成一个闭合的环,如图1-6所示。环上传输的任何数据包都须穿过所有站点。

环型计算机网络结构简单,最大延迟确定,实时性较好,但容易出现由于某个站点出错而终止全网运行的情况,即可靠性较差,同时环型计算机网络扩充困难。

（4）树型

树型网络是星型网络的变异,如图1-7所示。计算机网络中各结点按层次进行连接,绝大多数结点先连接到次级中央结点上再连接到中央结点上,结点所处的层次越高,其可靠性要求越高。这种网络容易扩展,容易进行故障隔离,但结构比较复杂,而且对根结点的依赖性大。

(5)网状

网状网络如图 1-8 所示,一般又分为有规则型和无规则型,这种结构的最大特点是可靠性高,因为结点间存在着冗余链路,当某个链路出现故障时,还可选择其他链路进行传输。

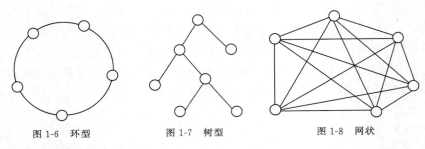

图 1-6 环型　　　　　　　图 1-7 树型　　　　　　　图 1-8 网状

2.按计算机网络的作用范围划分

(1)局域网

局域网(Local Area Network,LAN)是指范围在几十米到十几千米内的计算机相互连接所构成的计算机网络。

(2)城域网

城域网(Metropolitan Area Network,MAN)范围在十几千米至几十千米内,可以覆盖一个城市。城域网既可以支持数据和音频传输,也可以与有线电视相连。城域网一般比较简单。

(3)广域网

广域网(Wide Area Network,WAN)通常跨接更大的范围,可达上百千米及以上。如一个国家。除了使用卫星方式的广域网外,几乎所有的广域网都采用存储转发方式。

实际上,使用广域网技术构建与城域网覆盖范围大小相当的网络,更加便捷实用。

(4)个人局域网

个人局域网(Personal Area Network,PAN)在个人工作或生活的地方,用无线电或红外线代替传统的有线电缆,利用无线路由器等设备将手机、平板电脑或笔记本电脑连接起来的网络。

3.按计算机网络的传输技术划分

(1)广播式传输网络

在这种计算机网络中,数据在共用介质中传输,所有接入该介质的站点都能接收到该数据,无线网和总线型计算机网络就属于这种类型。这种计算机网络的好处是节省传输介质,但是出现故障后,不容易排除。

(2)点对点传输网络

在这种计算机网络中,数据以点到点的方式在计算机或通信设备中传输,星型网和环型网采用这种传输方式。这种计算机网络的优点是易于诊断计算机网络故障。

4.按交换技术划分

按照计算机网络通信所采用的交换技术,可将计算机网络分成以下几类。

（1）电路交换网络

用户在开始通信前，必须建立一条从发送端到接收端的物理信道，并在双方通信期间始终占用该信道。

（2）报文交换网络

报文交换采用"存储-转发"原理，报文中含有目的地址，每个中间结点要为途经的报文选择适当的路径，使其最终能到达目的端。

（3）分组交换网络

分组交换同报文交换一样也采用"存储-转发"原理，但由于对传输单元的长度做了限制，对交换结点的缓冲要求降低，传输时延较报文交换小。

（4）混合交换网络

如电路与分组的混合交换网络、采用变长分组和定长信元交换网络等。

1.4 计算机网络技术发展

21世纪，计算机网络发展的总体目标是要在各个国家，进而在全世界建立完善的信息基础设施（即俗称的信息高速公路）。

支持全球建立完善的信息基础设施的重要技术是计算机、通信和多媒体这三个技术的融合。

2014年，李克强总理在十二届全国人大二次会议上指出："实施'宽带中国'战略，加快发展第四代移动通信，推进城市百兆光纤工程和宽带乡村工程，大幅提高互联网网速，在全国推行'三网融合'"。

2017年，我国正式部署和建设IPv6项目，并以此展开相关应用。IPv6作为下一代互联网的技术基础，对我国未来物联网、车联网、人工智能等新一代信息技术产业发展产生重大促进作用。

1.4.1 云计算技术

1."云"时代

"云"就是计算机群，每个群包括了几万台甚至上百万台计算机。"云"中的计算机可以随时更新，保证"云"长生不老，"云"会替我们做存储和计算的工作。许多大计算机公司，如Google、微软、雅虎（Yahoo）、亚马逊（Amazon）等都拥有或正在建设这样的"云"。

云计算（Cloud Computing）是分布式计算、并行计算、效用计算、网络存储、虚拟化、负载均衡、热备份冗余等传统计算机技术和网络技术发展融合的产物，或者说是这些计算机科学概念的商业实现。

云计算突破了物理资源的概念。新的应用系统，不是指定安装在哪一物理设备上，而是安装在"云"里面，"云"可以承载所有计算能力。与传统方式的区别在于，用户并不需要知道"云"在哪里、由哪些具体的服务器构成。实际上，"云"利用了现有服务器的空闲资源。与传统方式相比，"云"所有资源都是动态的。我们只需要一台能上网的计算机、手机等,就可以在任何地点快速地计算和找到需要的资料,再也不用担心资料丢失和计算机配置低、速度慢的问题了。

2.云计算的特点

(1)超大规模

"云"具有相当大的规模,Google 云计算已经拥有 100 多万台服务器,Amazon、IBM、微软、Yahoo 等的"云"均拥有几十万台服务器。企业"私有云"一般拥有数百上千台服务器。"云"能赋予用户前所未有的计算能力。

(2)虚拟化

虚拟化是一种将操作系统及其应用从硬件平台资源中分离出来的软件解决方案。在虚拟化领域,实际上存在两种方向:一种是把一个物理系统分割成多个子系统,把它变成多个虚拟子系统;另一种就是把多个物理子系统组合成一个更庞大、能力更强的虚拟系统。虚拟化正在重组 IT 产业,没有虚拟化的云计算,将不能实现按需计算的目标。

(3)高可靠性

"云"使用了数据多副本容错、计算结点同构可互换等措施来保障服务的高可靠性,使用云计算比使用本地计算机可靠。

(4)通用性

云计算不针对特定的应用,在"云"的支撑下可以构造多种应用,同一个"云"可以同时支撑不同的应用运行。

(5)高可扩展性

"云"的规模可以动态伸缩,满足应用和用户规模增长的需要。

(6)按需服务

"云"是一个庞大的资源池,可按需购买;云可以像自来水、电、煤气那样计费。

(7)极其廉价

由于"云"的特殊性,"云"的自动化集中式管理使大量企业无须负担高昂的数据中心管理成本,"云"的通用性使资源的利用率较之传统系统大幅提升,因此用户可以充分享受"云"的低成本优势,用户只要花费几百美元、几天时间就能完成以前需要数万美元、数月时间才能完成的任务。

云计算能够彻底改变人们的生活,但同时也要重视环境问题,这样才能真正为人类进步做贡献,而不是简单的技术提升。

(8)潜在的危险性

云计算服务除了提供计算服务外,还提供了存储服务。但是云计算服务当前垄断在私人机构(企业)手中,而他们仅仅能够提供商业信用。对于政府机构、商业机构(特别像银行这样持有敏感数据的商业机构)选择云计算服务应保持足够的警惕,避免让这些私人机构以"数据(信息)"的重要性挟制整个社会。对于信息社会而言,"信息"是至关重要的。另外,云计算中的数据对于数据所有者以外的其他用户是保密的,但是对于提供云计算的商业机构而言却无秘密可言。所有这些潜在的危险,是政府机构和商业机构选择云计算服务,特别是国外机构提供的云计算服务时不得不考虑的。

3.云计算的几大形式

（1）软件即服务

SaaS(Software as a Service)是21世纪初兴起的新的软件应用模式。这种类型的云计算通过浏览器把程序传给成千上万的用户。从用户角度来看,这样会省去在服务器和软件授权上的开支;从供应商角度来看,这样只需要维持一个程序就够了,能够减少成本。SaaS在人力资源管理程序和ERP中比较常用。

（2）实用计算

Utility Computing是为IT行业创造虚拟的数据中心,使其能够把内存、I/O设备、存储和计算能力集中起来,成为一个虚拟的资源池来为整个网络提供服务。

（3）平台服务化

PaaS(Platform as a Service)形式的云计算把开发环境作为一种服务来提供。用户可以使用中间商的设备来开发自己的程序,并通过互联网和其服务器将程序传送到用户手中。

1.4.2　物联网

物联网的概念于1999年提出,其英文名称是The Internet of Things。其定义是:通过射频识别（RFID）、红外感应器、全球定位系统、激光扫描器等信息传感设备,按约定的协议,把任何物品与互联网连接起来,进行信息交换和通信,以实现智能化识别、定位、跟踪、监控和管理的一种网络。这是继计算机、互联网与移动通信网之后的又一次信息产业浪潮。物联网,顾名思义即万物互连,任何物体只要嵌入一个微型感应芯片,使其智能化,再借助无线网络技术,人和物、物和物之间都能"交流",从而建造一个智能地球。

物联网用途广泛,遍及交通、环境保护、政府工作、公共安全、平安家居、智能消防、工业监测、老人护理、个人健康等多个领域。例如,可以通过网络了解家里是否安全、老人是否健康等信息;当司机出现操作失误时汽车会自动报警;汽车能感知前方道路情况,避免交通事故的发生。

移动通信网络与物联网融合的优势在于移动通信网络有多大,物联网覆盖就有多大,不需要客户单独去建网,这对物联网的应用提供了非常大的便利,而且大幅度地降低了建网的成本。

1.4.3　移动互联网

随着生活节奏的不断加快,人们对于信息获取的便利性和实时性的需求越来越高,人们希望能随时随地获取和发送各种信息,而这无疑会促进无线通信网络技术的发展。移动通信以其移动性和个人化服务为特征,表现出旺盛的生命力和巨大的市场潜力。随着信息网络技术的快速发展,人们对信息的需求在内容和获取方式上也出现了变化,不再满足于使用固定终端或单个移动终端连接到互联网络上,而是希望能将某个运动子网或移动终端,以一个相对稳定和可靠的形式,从Internet上运动地获取信息,如航行中的轮船、运动中的汽车和火车等,由此引入移动互联网技术。而移动IP正是实现这一需求的重要技术手段,移动IP技术正逐步成为人们关注的焦点之一。移动智能网技术与IP技术的组合将进一步推动全球个人通信的趋势。

4G，即第四代移动通信技术的简称。如果说第三代移动通信技术（3G）能为人们提供一个高速传输的无线通信环境的话，那么 4G 通信就是一种超高速无线网络，一种不需要光缆的"移动宽带"。在 4G 的网络条件下，文件的下载速率可达 100 Mbit/s，比拨号上网快 2000 倍，上传的速率也能达到 20 Mbit/s。中国 4G 网络下载速率为 13 Mbit/s。

目前，国际上通用的 4G 通信标准有 FDD-LTE 和 TD-LTE 两种。FDD-LTE 标准已在欧美一些国家投入使用，而 TD-LTE 是"中国制造"，这是一种支撑高性能数据传输的通信技术。TD-LTE 具有网速快、频谱利用率高、灵活性强的特点。TD-LTE 标准具有灵活的带宽配比，非常适合 4G 用户的上网浏览等非对称业务带来的数据井喷，更能充分提高频谱的利用效率。

2017 年，我国推行了 4G＋网络，4G＋学术名称为 LTE-A。4G＋利用载波聚合技术，载波聚合就是聚合两个以上载波传输信息通道，理论上下行速率达 300 Mbit/s。下载一个 2 GB 左右的电影，只需要 27 秒。

1.4.4　5G 概述与发展现状

从 20 世纪 80 年代第一代移动通信商业化以来，每十年移动通信会出现新一代技术，通过关键技术的引入，推动新的业务类型的不断涌现。近几年，随着 4G 在全球范围内规模商用，以及应对未来移动数据流量增长、海量的设备连接、不断涌现的各类新业务和应用场景，第五代移动通信（5G）系统已投入使用。与 4G 相比，5G 具有更高的速率、更宽的带宽、更高的可靠性、更低的时延等特征，能够满足未来虚拟现实、超高清视频、智能制造、自动驾驶等用户和行业的应用需求。我国正大力开展 5G 技术与产业化的前沿布局，在多个领域取得了积极进展，为抢占 5G 发展先机打下坚实基础。

由我国提出的相关技术标准 IMT-2020(5G)将在整个 5G 标准中占据相当大的比重，这也意味着在未来 5G 和相关各类信息技术产业的发展中，我国企业可获得更大的全球产业竞争力和市场份额。

5G 的关键技术主要集中在无线技术和网络技术两方面。

无线技术领域主要包括大规模 MIMO(Multiple-Input Multiple-Output，多输入多输出)技术、无线通信系统技术、新兴的多址接入技术、超高密集度组网技术、新型多载波技术、高级调制编码技术等。

网络技术领域主要有网络切片技术、移动边缘计算技术、控制平面/用户平面分离技术、网络功能重构技术等。

1.网络切片

随着手机和物联网的发展，网络必将越来越复杂，越来越拥堵，为此，对网络实行分流管理——网络切片。

网络切片，本质上就是将运营商的物理网络划分为多个虚拟网络，每一个虚拟网络根据不同的服务需求，比如时延、带宽、安全性和可靠性等来划分，以灵活地应对不同的网络应用场景。如图 1-9 所示。

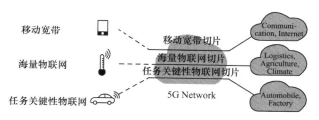

图 1-9　网络切片

2.移动边缘计算(MEC)

移动边缘计算(MEC)是指将计算能力下沉到分布式基站,能够进一步提高流量传输效率,在物联网、VR 等多个领域具有广阔的应用前景。

3.控制平面/用户平面分离

移动性管理实体功能与网关功能分离,有助于网络部署。

4.网络功能重构

现有网络中,对流量的控制和转发都依赖于网络设备实现,且设备中集成了与业务特性紧耦合的操作系统和专用硬件,这些操作系统和专用硬件都是由各个厂家开发和设计的,这使得成本昂贵并极大地制约了互联网的发展。未来新型网络将采用控制转发分离和路由集中计算,实现网络灵活、智能调度和网络能力的开放,核心技术是软件定义网络和网络功能虚拟化。

(1)SDN(Software Defined Network)软件定义网络。它的设计理念是将网络的控制平面与数据转发平面进行分离,从而通过集中控制器中的软件平台去实现可编程化控制底层硬件,实现对网络资源灵活的按需调配。在 SDN 网络中,网络设备只负责单纯的数据转发,可以采用通用的硬件;而原来负责控制的操作系统将提炼为独立的网络操作系统,负责对不同业务特性进行适配,而且网络操作系统和业务特性以及硬件设备之间的通信都可以通过编程来实现。

SDN 本质上具有“控制和转发分离”“设备资源虚拟化”“通用硬件及软件可编程”三大特性,这至少带来了以下好处:

①设备硬件归一化,硬件只关注转发和存储能力,可以采用相对廉价的商用的架构来实现。

②网络的智能性全部由软件实现,网络设备的种类及功能由软件配置而定,对网络的操作控制和运行由服务器作为网络操作系统(NOS)来完成。

③对业务响应相对更快,可以定制各种网络参数,如路由、安全、策略、流量工程等,并实时配置到网络中,开通具体业务的时间将缩短。

传统网络架构和 SDN 架构的比较,如图 1-10 所示。

(2)NFV(Network Function Virtualization)网络功能虚拟化,它的目标是通过基于行业标准的服务器、存储和网络设备,来取代私有专用的网元设备。由此带来的好处主要有两个,其一是标准设备成本低廉,能够节省巨大的投资成本;其二是开放的 API 接口,能够获得更灵活的网络能力。

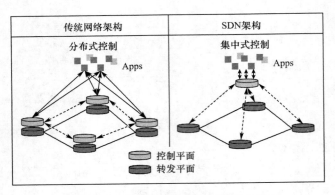

图 1-10　传统网络架构和 SDN 架构的比较

NFV 是下述三大技术的集合：

①服务器虚拟化托管网络服务虚拟设备，尽可能高效地实现网络服务的高性能。

②SDN 对网络流量转发进行编程控制，以所需的可用性和可扩展性等属性无缝交付网络服务。

③云管理技术可配置网络服务虚拟设备，并通过操控 SDN 来编排与这些设备的连接，从而通过操控服务本身实现网络服务的功能。

第2章 计算机网络体系结构

2.1 计算机网络体系结构概述

2.1.1 网络层次结构

    计算机网络的初期,各厂家的网络间是无法互相通信的。要想在不同厂商的两台计算机间进行通信,需解决许多复杂的技术问题,如连接结构相异的计算机;使用不同的通信介质;使用不同的网络操作系统;支持不同的应用。这就像不同国家的两个人进行通信一样,要解决写信使用的语言、信封书写格式、两国邮政通邮的协议、邮局与运输等一系列问题。解决复杂的问题常采用的方法是将复杂问题分解成多个容易解决的小问题,逐一解决。如图 2-1 所示,将邮政系统分为三层,逐层解决双方通信的问题。

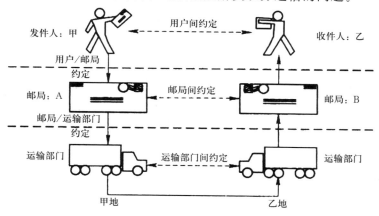

图 2-1　邮政系统的分层解决方案

    在解决网络通信这样的复杂问题时,为了减少网络通信设计的复杂性,人们也按功能将计算机网络系统划分为多个层,每一层实现一些特定的功能。

    划分层次的原则:

    ①网络中各结点都有相同的层次。

    ②不同结点的同等层具有相同的功能。

③同一结点间的相邻层之间通过接口进行通信。

④每一层使用下一层提供的服务,并向其上一层提供服务。

⑤不同结点的同等层按照协议实现对等层之间的通信。

为在两计算机间进行通信,规定了同层进程通信的协议及相邻层之间的接口和服务。然后为每一层设计一个解决方案,这样做使得每层的设计、分析、编码和测试都比较容易实现。

2.1.2 实体与对等实体

在网络层次结构的每一层中,用于实现该层功能的活动元素被称为实体(Entity),包括该层上实际存在的所有硬件与软件,如终端、电子邮件系统、应用程序和进程等。不同机器上位于同一层次、完成相同功能的实体被称为对等(Peer to Peer)实体,如图 2-2 所示。

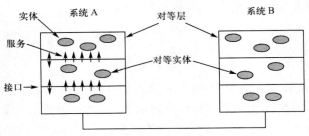

图 2-2　对等层与对等实体

服务访问点 SAP(Service Access Point),是相邻层之间进行通信的逻辑接口。每一层都向其上层提供服务。在连接因特网的普通计算机上,物理层的服务访问点就是网卡接口(RJ-45 接口或 BNC 接口),应用层提供的服务访问点是用户界面。一个用户可同时使用多个服务访问点,但一个服务访问点在特定时间只能为一个用户使用。上层使用下层提供的服务是通过与下层交换一些命令实现的,这些命令称为"原语"。

2.1.3 网络协议

在计算机网络中,两个相互通信的实体上的两个进程间通信,必须按照预先的约定进行。计算机网络中为进行数据交换而建立的规则、标准或约定的集合,称为网络协议(Network Protocol)。一个网络协议包括三个要素:

语法:即数据与控制信息的结构或格式。

语义:规定控制信息的含义,即需要发出何种控制信息,完成何种动作以及做出何种应答。

时序(同步):即事件实现顺序的说明。

2.1.4 网络体系结构

计算机网络的层次及各层协议和层间接口的集合称为网络体系结构(Network Architecture)。具体地说,网络体系结构是关于计算机网络应设置哪几层,每层应提供哪些功能的精确定义。

同一网络中,任意两个端系统必须具有相同的层次;不同的网络,分层的数量、各层的名称和功能以及协议都可能各不相同。

2.2　OSI/RM 开放系统互连参考模型

为了使不同的计算机网络系统间能互相通信,各网络系统必须遵守共同的通信协议和标准,国际标准化组织 ISO 于 1984 年提出了开放系统互连参考模型 OSI/RM(Open System Interconnection/Reference Model)。OSI 参考模型是一个描述网络层次结构的模型,任何两个系统只要都遵循 OSI 参考模型,相互连接,就能进行通信。现在,OSI 标准已经被许多厂商所接受,成为指导网络设备制造的标准。

2.2.1　OSI 参考模型的层次结构

OSI 参考模型将计算机网络分为七层,这七层从低到高分为:物理层、数据链路层、网络层、传输层、会话层、表示层和应用层,其层次结构如图 2-3 所示。

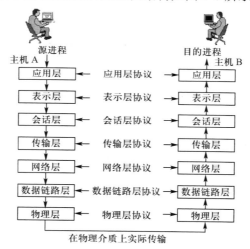

图 2-3　两台主机的 OSI 参考模型层次结构及数据流

两个用户的计算机通过网络进行通信时,各对等层之间是通过该层的通信协议来进行通信的;对等层间交换的信息称为协议数据单元(PDU)。只有两个物理层之间才真正通过传输介质进行数据通信。

例如,主机 A 发信息给主机 B,主机 A 的源进程与主机 A 的应用层通信,数据逐层下传,直至物理层,再经由连接两计算机间的传输介质将数据传到主机 B 的物理层,然后在主机 B 中逐层上传,直至主机 B 的应用层,最终传给主机 B 的目的进程。

2.2.2　OSI 参考模型各层的主要功能

1.物理层

物理层主要目的是定义数据终端设备与数据通信设备的物理和逻辑连接方法,即传输媒体的接口有关的特性。如传输介质的机械(接口的形状和尺寸等)、电气(接口各电缆线上的电压范围)、功能(某线上电平表示的意义)及规程(物理层协议)等特性;建立、管理和释放物理介质的连接,完成传输方式串行和并行的转换,实现比特流的透明传输。

2.数据链路层

数据链路层在通信的实体间建立数据链路连接,传递以帧为单位的数据,采用差错控制和流量控制使不可靠的物理通信线路成为传输可靠的数据链路,实现无差错传输。

①在数据链路层将网络层传下来的 IP 数据报封装成帧(Frame),并添加定制报头,报头中包含目的和源的物理地址。

②由于收发双方各自的工作速率和缓存空间的差异可能会出现发送方的发送能力大于接收方的接收能力。通过限制发送方的数据流量,以不超过接收方的接收能力,即流量控制。数据链路层控制的是相邻两结点间数据链路上的流量。

③使发送方确定接收方是否正确接收到它发送的数据的方法称为差错控制,采用CRC 方式发现位错,用自动请求重发(ARQ)等技术纠正差错。

3.网络层

网络层的目的是实现两个端系统之间的数据透明传送(主机到主机的通信)。

主要功能包括使用统一的网络编址方案(IP 地址)、IP 寻址和路由选择,将传输层交来的 TCP 报文段或 UDP 用户数据报封装成 IP 数据报和解封装,在封装过程中,目的和源 IP 地址始终不会改变。路由器在此层解封装仅为检查目的 IP 地址。

4.传输层

它是 OSI 中最重要、最关键的一层,是唯一负责总体的数据传输和数据控制的一层。

主要功能如下:

(1)提供各应用进程间的端到端通信。

(2)在发送端发送过长的数据段,在接收端再将这些数据段重新构成初始的数据。

(3)负责对收到的数据进行差错检测,包括传送数据的确认和重发,确保数据的可靠传递。

(4)进行端到端流量控制和拥塞控制。

(5)用端口号标识应用程序,具有多路复用的功能,使发送方不同的应用进程都可以使用同一个传输层协议传输和接收数据。

(6)提供面向连接的 TCP 和面向无连接的 UDP 传输协议。

传输层仅存在于通信子网之外的主机中。

5.会话层

在会话的两台机器间建立会话控制,管理两个通信主机之间的会话。

6.表示层

这一层的主要功能是为异种机通信提供一种公共语言。把应用层提交的数据变换为能够共同理解的形式,提供字符代码、数据格式、控制信息格式等的统一表示。提供数据压缩和恢复、加密和解密等服务。

7.应用层

应用层是 OSI 系统的最高层,负责通过应用进程间的交互来完成特定的网络应用。

定义了应用进程间通信和交互的规则。提供了人们所用的应用进程与下层网络的接口。

2.2.3 数据的封装与解封装

数据在网络的各层间传送时,各层都要将上一层提供的协议数据单元(PDU)变为自己 PDU 的一部分,在上一层的协议数据单元的头部(和尾部)加入特定的协议头(和协议尾),这种增加数据头部(和尾部)的过程称为数据打包或数据封装。同样,在数据到达接收方的对等层后,接收方将识别和处理发送方对等层增加的数据头部(和尾部),接收方将增加的数据头部(和尾部)去除的过程称为数据解封。如图 2-4 所示为网络中数据的封装与解封过程。

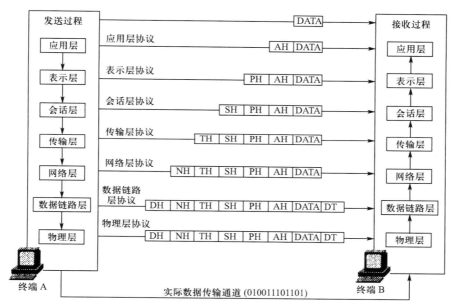

图 2-4 网络中数据的封装与解封过程

协议数据单元 PDU(Protocol Data Unit)是指对等层之间传递的数据单位。
应用层协议数据单元称为报文。
传输层的协议数据单元称为 TCP 报文段(Segment)或 UDP 用户数据报。
网络层的协议数据单元称为数据包(Packet),又称为分组或 IP 数据报。
数据链路层的协议数据单元称为帧(Frame)。
帧传送到物理层后,以比特流的方式通过传输介质传输出去。

2.3 TCP/IP 模型

TCP/IP 协议族是 ARPANET 试验的产物。1974 年推出的 TCP(Transport Control Protocol,传输控制协议)和 1981 年推出的 IP(Internet Protocol)合称 TCP/IP 协议。这两个协议定义了一种在计算机网络间传送数据报的方法。1983 年 1 月 1 日,在

ARPANET 上,TCP/IP 协议取代了旧的网络控制协议 NCP。至今,TCP/IP 协议族已经成为计算机网络中使用最广泛的体系结构之一,成为网络界的实际工业标准协议。

TCP/IP 协议族被设计成 4 层模型,由上而下分别是:应用层、传输层、网际层(又称互联层)和网络接口层(又称主机-网络层)。TCP/IP 模型及与 OSI/RM 模型对应关系如图 2-5 所示。然而,在实际分析研究时,人们还是愿意将网络接口层分成 2 层,即将网络模型分成五层,如图 2-6 所示。

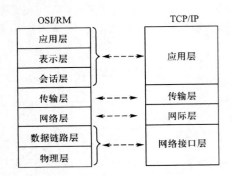

图 2-5　TCP/IP 模型与 OSI/RM 模型对应关系　　图 2-6　五层网络结构模型

1.TCP/IP 的网络接口层

TCP/IP 的网络接口层对应物理层和数据链路层两层。这层具有物理层和数据链路层的功能。

常见的网络接口层协议有:以太网(Ethernet 802.3)、令牌环(Token Ring 802.5)、FDDI、X.25、帧中继(Frame relay)及 ATM 等。

2.TCP/IP 的网际层

网际层等同于 OSI 的网络层,负责主机之间的通信。

网际层的主要功能是负责将数据封装成 IP 数据报(又称分组或数据包),封装时在分组前加上源主机的 IP 地址和目的主机的 IP 地址及其他信息;解决如何进行分组的路由选择、拥塞控制、异构网络互连等问题。

(1)IP 协议

IP 协议是网络层的核心,IP 协议负责分组在网络间寻址,它提供不可靠的无连接的服务。每个分组都可经不同的通路转发至同一个目的地。IP 协议既不保证传输的可靠性,也不保证分组按正确的顺序到达,甚至不保证分组能够到达目的地,它仅提供"尽力而为"的服务,只提供传输,不负责纠错。从而保证了分组的传输效率。

(2)ICMP 是网际控制报文协议,用于在主机和路由器之间传递控制消息,用来检测网络是否通畅。指出数据包传送错误消息。

在命令提示符下的 ping 命令就是发送 ICMP 的 echo 包,通过回送的 echo relay 进行网络测试。例如 ping 127.0.0.1,用来测试本地网络情况。

(3)ARP 是地址解析协议,将 IP 地址解析为主机的物理地址,以便按该地址发送和接收数据。

(4)RARP 是反向地址解析协议,通过 MAC 地址确定 IP 地址。是针对 DHCP 服务等为获取 IP 地址而设计的。

（5）IGMP（Internet Group Management Protocol）互联网组管理协议，负责对 IP 多播组进行管理，包括多播组成员的加入和删除等。一个主机发送、多个主机接收，如视频会议、为用户群进行软件升级、共享白板式多媒体应用等，这些情况就是多播。

3.TCP/IP 传输层

为运行在源主机和目的主机上的应用进程之间提供端到端的数据传输服务。负责数据分段、数据确认、丢失和重传等。

TCP/IP 结构中包含两种传输层协议：传输控制协议（TCP）和用户数据报协议（UDP）。两种协议功能不同，对应不同的应用。

（1）TCP 协议

TCP 协议是一个可靠的、面向连接的端对端的传输层协议。在发送方，TCP 将应用层发来的数据流分割成若干个报文段并传递给网际层进行打包发送；在接收方，TCP 通过设置定时器、序列确认及重传机制解决 IP 协议传输时的错误，将所接收的分组排序重新装配并交付给应用层，TCP 还提供流量控制，从而提供可靠的数据传输。

（2）UDP 协议

UDP 协议是一个不可靠的、面向无连接的协议。使用 UDP 协议发送报文之后，无法得知分组是否安全完整到达。UDP 协议将可靠性问题交给应用程序解决。

UDP 协议应用于那些对可靠性要求不高，但要求网络的延迟较小的场合，如语音和视频数据的传送。

（3）端口号

TCP 和 UDP 会遇到同时为多个应用进程提供并发服务的问题。为了识别各个不同的网络应用进程，传输层引入了端口的概念。利用端口区分不同应用进程间的网络通信和连接，端口号的范围从 0 到 65535。传输层使用其报文头中的端口号，把收到的数据送到不同的应用进程。

4.TCP/IP 应用层

TCP/IP 的应用层综合了 OSI 应用层、表示层以及会话层的功能。

应用层为用户的应用程序提供了访问网络服务的能力并定义了不同主机上的应用程序之间交换用户数据的一系列协议。

（1）HTTP（HyperText Transfer Protocol）是超文本传输协议，用于实现互联网中的 WWW 服务。端口号 80。

（2）FTP（File Transfer Protocol）是文件传输协议，一般上传下载用 FTP 服务，数据连接端口是 20，控制连接端口是 21。端口 20 用于在服务器和客户端之间传输数据流，而端口 21 用于传输控制流。

（3）Telnet 服务是用户远程登录服务，端口号 23，使用明码传送，保密性差，但简单方便。

（4）DNS（Domain Name Service）是域名解析服务，提供域名到 IP 地址之间的转换，端口号 53。

（5）SMTP（Simple Mail Transfer Protocol）是简单邮件传输协议，用来控制信件的发

计算机网络实验教程

送、中转,端口号 25。

(6)POP 邮局协议:用于从邮件服务器上获取邮件。端口号 110。

(7)SNMP 简单网络管理协议:用于从网络设备(路由器、网桥、集线器等)中收集网络管理信息,端口号 161。

(8)RPC(Remote Procedure Call):远程过程调用协议,它是一种通过网络从远程计算机程序上请求服务。

(9)NFS(Network File System)是网络文件系统,用于网络中不同主机间的文件共享。

TCP/IP 可以为各式各样的应用提供服务,同时也可以连接到各种网络上,TCP/IP协议族如图 2-7 所示。

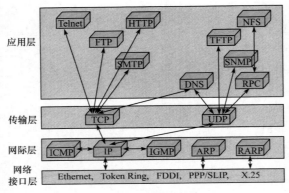

图 2-7　TCP/IP 协议族

第3章 网络互连与网络组建层次化结构设计

3.1 网络互连的基本概念

3.1.1 网络互连概述

网络互连,是指两个以上的计算机网络,通过各种方法或多种通信设备相互连接起来,构成更大的网络系统,实现更大范围的资源共享和信息交流。这种互连属于网络层间互连。路由器能进行网络层间的互连,路由器在接收到一个数据包时,取出数据包中的网络地址,查找转发表,如果数据包不是发向本地网络,那么就由路由器相应的端口转发出去。网络层互连主要是解决寻址、路由选择、拥塞控制与分组技术等问题。

用路由器实现网络层间互连时,互连网络的网络层及以下各层协议可以不相同。如果网络层以上层协议不同,则需使用多协议路由器(Multi Protocol Router),又称网关进行协议转换。

TCP/IP 协议定义了一个在因特网上传输的数据包,也称为 IP 数据报;IP 数据报在对数据包的结构进行分析时使用。

3.1.2 互联网与因特网

我们会经常看到以下两个意义不同的名词 internet 和 Internet。

(1)以小写字母"i"开始的 internet 是一个通用名词,它泛指由多个计算机网络互连而成的网络,即互联网。

(2)以大写字母"I"开始的 Internet 则是一个专用名词,它指当前全球最大的、开放的、由众多网络相互连接而成的特定计算机网络,即因特网。它的前身是美国的 ARPA-NET,统一采用 TCP/IP 协议簇。

还有两个企业网络常用的名词:

(1)Intranet

Intranet 又称为企业内部网,是利用 Internet 技术建立的企业内部网络。采用 TCP/IP 作为通信协议,利用 Web 作为标准信息平台,用防火墙把内部网和 Internet 分开。

（2）Extranet

Extranet 又称为企业外联网,是利用公共网络实现企业和其贸易伙伴的内部网络互连的安全专用网络。

3.2　IP 地址

3.2.1　IP 地址概述

1.IP 地址及其表示方法

为了在因特网上的主机之间进行通信,要给每个连接在因特网上的设备分配一个在世界范围内唯一的标识符。目前,采用 4 个字节共 32 bit 二进制数来标识每台主机,这 32 位二进制数称为该主机的 IP 地址(第 4 版的 IP,即 IPv4)。IP 地址由因特网名字与号码指派公司 ICANN(Internet Corporation for Assigned Names and Numbers)进行分配。在 IP 网络中,具有 IP 地址的设备称为主机。

2.IP 地址的记法

（1）IPv4 的点分十进制记法

为了提高可读性,在书写 IP 地址时,将每 8 bit(1 字节)的二进制数转换为十进制数,在这些数字之间加上一个点来分隔,这种记法叫作点分十进制记法。

例如,下面一个 32 bit 的二进制地址:

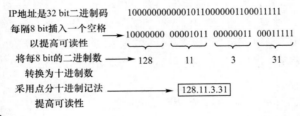

（2）进制的转换

①二进制转十进制

例,将 01001011 转成十进制数。

各位的值	$2^7=128$	$2^6=64$	$2^5=32$	$2^4=16$	$2^3=8$	$2^2=4$	$2^1=2$	$2^0=1$
二进制数	0	1	0	0	1	0	1	1
十进制值	0	64	0	0	8	0	2	1

所以 $(01001011)_2=64+8+2+1=75$

②十进制转二进制

对于一个十进制数 x,首先与 8 位二进制数最高位的十进制值 128 比较,如 $x<128$,则 2^7 位为 0,否则该位为 1,将 $x-128$ 再与下一二进制位的十进制值比较,直至最后一位。

例,将 135 转成二进制数。

$135>128$　　　　　2^7 为 1

$135-128=7$

$7>4 \qquad\qquad 2^2$ 为 1

$7-4=3$

$3>2 \qquad\qquad 2^1$ 为 1

$3-2=1 \qquad\qquad 2^0$ 为 1

所以 $135=(10000111)_2$

3.网络地址和主机地址

IP 地址＝网络号＋主机号。

网络号（Netid）字段（又称为网络地址或网络标识），它是主机（或路由器）所在网络的标识；

主机号（Hostid）字段（又称为主机地址或主机标识），它标识网络中的该主机（或路由器）。

在 Internet 上，数据包寻址时，先按 IP 地址中的网络号 Netid 寻找到目的网络，网络号是 IP 地址的"因特网部分"，找到网络后，再按主机号 Hostid 找到目的主机，主机号是 IP 地址的"本地部分"。

IP 地址是一种用来在网际层/网络层标识主机的逻辑地址，是在 Internet 上使用的地址。依靠数据包 IP 地址的网络号部分寻找到目的网络，当数据包到达目的局域网时，必须把 IP 地址转换成物理地址（MAC 地址）。这是因为在局域网中数据帧是靠 MAC 地址传送的。IP 地址和 MAC 地址之间的转换工作由网际层的 ARP 协议完成。

3.2.2 IP 地址的特点

（1）IP 地址是一种分层次的地址结构，每一个 IP 地址都由网络号和主机号两部分组成。当某个单位申请到一个 IP 地址时，实际上只是从因特网名字与号码指派公司 ICANN 获得了一个网络号 Netid。主机号由单位自行分配，这样方便了 IP 地址的管理。

（2）IP 地址的结构使我们可以在 Internet 上很方便地进行寻址：先按数据包中 IP 地址的网络号 Netid 寻找网络，再按主机号 Hostid 找到主机。所以，IP 地址并不只是一个计算机的号，而是指出了连接到某个网络上的某个计算机。

（3）IP 地址不能反映任何有关主机地理位置的信息。

（4）在使用 IP 地址时，总的原则是：网络中每个设备的 IP 地址必须是唯一的，即在同一网络的不同设备上不允许出现相同的 IP 地址。

（5）IP 地址使用时要注意：网络号部分不能全为 0 或不能全为 1，主机号部分也不能全为 0 或不能全为 1。

在 IP 地址中，所有分配到网络号的网络（不管是覆盖范围很小的局域网，还是覆盖范围很大的广域网）都是平等的。

3.2.3 分类的 IP 地址

所谓"分类"是将 IP 地址划分为 5 类：A 类～E 类。图 3-1 中给出了各种分类 IP 地址的类别标识、网络号字段和主机号字段及其占用的长度，其中，A 类、B 类和 C 类地址是最常用的。

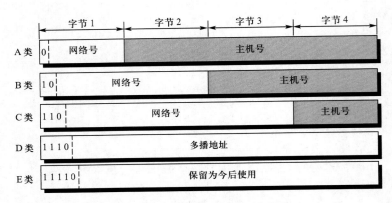

图 3-1　各类 IP 地址的网络号和主机号

（1）A 类地址：该类地址的网络号用第一个字节表示，最高位为 0 作为类别标识。A 类地址的取值为 1～126（127 保留做测试用）。A 类地址适用于大型网络，总共只有 126 个可能的 A 类网络。该类地址的主机号占 3 个字节。每个 A 类网络最多可以连接 $2^{24}-2=16\ 777\ 214$ 台主机。

（2）B 类地址：该类地址的网络号为 2 字节，最前 2 位为 10 作为类别标识。B 类地址的第一字节取值为 128～191。B 类地址适用于中等规模的网络，全世界大约有 $2^{14}=16\ 384$ 个 B 类网络。该类地址的主机号占 2 个字节。每个 B 类网络最多可以连接 $2^{16}-2=65\ 534$ 台主机。

（3）C 类地址：该类地址的网络号为 3 字节长，网络号最前 3 位为 110 作为类别标识。C 类地址的第一字节取值为 192～223。最后一字节标识网络上的主机号。C 类地址适用于小型网络，每个 C 类网络最多可以连接 $2^{8}-2=254$ 台主机。

（4）D 类地址用于多播（即一对多通信）使用。

（5）E 类地址保留为以后用。

只有在同一个网络号下的计算机之间才能"直接"互通，不同网络号的计算机要通过路由器才能互通。

3 种常用地址的网络数、网络号范围、每个网络最大主机数及各类网络主机 IP 地址范围见表 3-1。

表 3-1　　　　　　　　　　　常用类别网络的相关数据

网络类别	最大网络数	第一个可用的网络号	最后一个可用的网络号	每个网络中最大的主机数	主机 IP 地址范围
A	126（2^7-2）	1	126	16 777 214	1.0.0.1～126.255.255.254
B	16 383（$2^{14}-1$）	128.1	191.255	65 534	128.1.0.1～191.255.255.254
C	2 097 151（$2^{21}-1$）	192.0.1	223.255.255	254	192.0.1.1～223.255.255.254

对于一个 IP 地址，只要根据第一个字节的值就可判定该 IP 地址属于哪一类了。

一个网络中最小的 IP 地址（主机号全 0）表示该网络，最大的 IP 地址（主机号全 1）表示广播地址。

B 类地址中 128.0 和 C 类地址中 192.0.0 的网络号是不可指派的。

3.2.4　IP 地址的几种特殊情况

1.保留地址

IP 地址空间中的某些地址已为特殊的目的而保留,这些地址不允许作为主机地址,它们只能被系统所使用。这些保留地址的规则如下:

①IP 地址全部为 0 表示本机的地址,启动时作为源地址用。

②当 IP 地址的网络号部分全为 0,而主机地址部分为合法的某一值时,则表示本网络上的某个主机。

③当 IP 地址中的主机号中的所有位都为 0 时,它表示为一个网络地址。作目的地址使用,表示网络上的所有主机。

④如果 IP 地址中的主机号部分位为 1,并且该 IP 地址有一个正确的网络号时,为向远程 LAN 中的所有主机发送广播数据包(向该 LAN 的广播)。也称为直接广播地址,作为目的地址用。

⑤TCP/IP 协议规定 32 位全为"1"的 IP 地址(255.255.255.255)为有限广播地址,也称为本地广播地址,用于面向本地网络所有主机的广播,作为目的地址用。

所以,网络管理员不能分配全 0 或全 1 作为网络号或主机号给一个特定的主机。

⑥当网络号部分为 127 时,所有形如 127.x.x.x 的地址不能作为网络地址,而保留作环回测试用。在 DOS 标识符下运行"ping 127.0.0.1"(因特网包探索器),以检查本机的 TCP/IP 协议安装是否正常,可以很好地帮助我们分析和判定网络故障,如图 3-2 所示。

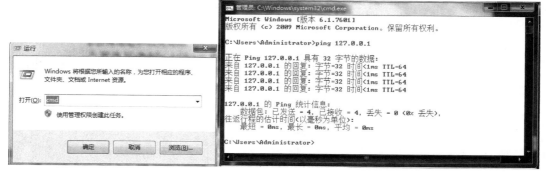

图 3-2　测试本地主机 TCP/IP 协议栈

测试是给目标 IP 地址发送一个数据包,由 ICMP 返回一个同样大小的数据包来确定两台网络机器是否已连接,并显示时延是多少。

2.公有地址和私有地址

公有地址(Public Address)是由 Internet 地址授权委员会(Internet Assigned Numbers Authority,IANA)负责分配,计算机使用这些公有地址可以直接访问 Internet。

私有地址(Private Address)属于非注册地址,专门为各组织机构分配给单位内部网使用,这些地址为:

A 类:10.0.0.0～10.255.255.255

27

B 类:172.16.0.0~172.31.255.255

C 类:192.168.0.0~192.168.255.255

用户可以在本单位内部网中使用这些 IP 地址。如果这些内部网用户需要与因特网相连,必须将这些 IP 地址转换为可以在因特网中使用的公有地址。

3.公网与内网

公网、内网是接入 Internet 的两种方式。

(1)公网接入方式

上网的计算机得到的 IP 地址是 Internet 上的公有地址。公网的计算机和 Internet 上的其他公网计算机可随意互相访问。

(2)内网接入方式

上网的计算机得到的 IP 地址是私有地址。内网的计算机用 NAT(Network Address Translator)网络地址转换协议,允许一个整体机构的计算机以一个公用 IP 地址出现在 Internet 上。顾名思义,它是一种把内部私有网络地址(IP 地址)翻译成合法网络 IP 地址的技术。NAT 功能通常被集成到路由器、防火墙、ISDN 路由器或者单独的 NAT 设备中。

(3)NAT 服务器

在 Basic NAT 方式下,通过静态配置 NAT Server(NAT 内部服务器)"公网 IP 地址"与"私网 IP 地址"间的映射关系,NAT 设备可以将公网地址"反向"转换成私网地址。

NAT 设备查看报头内容,发现该报文是发往外网的,将其源 IP 地址字段的私网地址比如 192.168.1.3 转换成一个可在 Internet 上选路的公网地址,比如 20.1.1.1,并将该报文发送给外网服务器,同时在 NAT 设备的网络地址转换表中记录这一映射。

外网服务器给内网用户发送的应答报文(其初始目的 IP 地址为 20.1.1.1)到达 NAT 设备后,NAT 设备查看报头内容,然后查找当前网络地址转换表的记录,用内网私有地址 192.168.1.3 替换初始的目的 IP 地址。

上述的 NAT 过程对终端(如图 3-3 中的 Host 和 Server)来说是透明的。对外网服务器而言,它认为内网用户主机的 IP 地址就是 20.1.1.1,并不知道有 192.168.1.3 这个地址。因此,NAT"隐藏"了企业的私有网络。其原理图如图 3-3 所示。

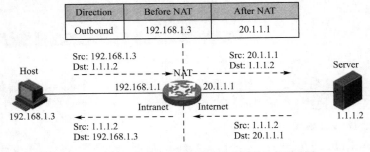

Direction	Before NAT	After NAT
Outbound	192.168.1.3	20.1.1.1

图 3-3　NAT 设备将私网地址转换成公网地址的原理图

3.2.5　掩码的概念和作用

如何知道一个数据包的目的 IP 地址中的网络号(网络 ID)和主机号(主机 ID)呢? 这

是通过掩码来实现的。

掩码也使用 32 位二进制数表示,掩码由连续的 1 和连续的 0 组成,掩码的 1 对应 IP 地址中的网络号,掩码的 0 对应 IP 地址中的主机号,0 和 1 不能混合。掩码也使用点分十进制表示法。

对于分类 IP 地址,因为网络号字段都是用完整的字节来表示的,所以掩码也使用各位全为"1"的完整字节来表示。这种掩码称为默认掩码。

对于 A 类地址,因为网络号字段用头 1 个字节表示,默认掩码为 255.0.0.0;

对于 B 类地址,因为网络号字段用头 2 个字节表示,默认掩码为 255.255.0.0;

对于 C 类地址,因为网络号字段用头 3 个字节表示,默认掩码为 255.255.255.0。

掩码实际上是一个过滤码,将掩码和 IP 地址"按位求与"(AND)计算,就可以过滤出 IP 地址中网络号部分。

"按位求与"(&)运算,运算规则如下:

1&1=1   1&0=0   0&0=0

其实,掩码"1"同 IP 地址任何位值进行"与"运算时,所得计算结果就是对应那一位的值。掩码"0"和 IP 地址相应位"与"计算结果就是"0"。

例如,一台计算机的 IP 地址为 172.33.17.1,由第一个字节值 172 可知其为 B 类地址,前 2 个字节表示网络号,所以默认的掩码应为 255.255.0.0。

对地址"172.33.17.1"和掩码"255.255.0.0"进行按位与运算过程如下:

```
求网络号:
IP地址:      10101100 00100001 00010001 00000001
掩码:        11111111 11111111 00000000 00000000    按位"与"计算

网络ID:      10101100 00100001 00000000 00000000    172.33.0.0
求主机号:
IP地址:      10101100 00100001 00010001 00000001
掩码反码:    00000000 00000000 11111111 11111111

主机ID:      00000000 00000000 00010001 00000001    0.0.17.1
```

经过"按位与"运算后被过滤出来的 172.33.0.0 就是 IP 地址为 172.33.17.1 主机的网络地址;0.0.17.1 是其主机号。

实际上我们做练习时,通常不需要将 IP 地址换算成二进制数计算。对于默认掩码来说,将与掩码值为 255 所对应的那些字节 IP 的值直接写下来,后面字节值填"0"即为网络号;将掩码中 0 所对应的字节的 IP 值写下来,前面填相应个字节的"0"即为主机号。

3.2.6　主机 IP 的测试

在 DOS 下,使用 ipconfig 可以获得本机的 IP 地址信息,如图 3-4 所示。

IPv6 地址中％后的数字表示设备接口标识符。如果运行 Windows 的计算机中有多个网络适配器连接到不同的网段,可以在 IP 地址后加百分号和区域 ID 数字来区分不同的网络。

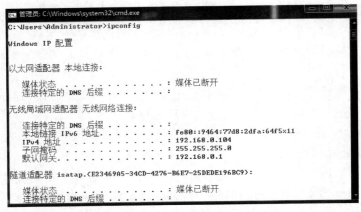

图 3-4　利用 ipconfig 测试本机 IP 地址参数

3.3　划分子网、构造超网及无分类编址

3.3.1　划分子网

1.从两级 IP 地址到三级 IP 地址

（1）由于分类 IP 地址的设计不够合理,IP 地址空间的利用率低。A 类和 B 类网络地址空间太大,每一个 A 类地址网络可连接的主机数超过 1 000 万,每一个 B 类地址网络可连接的主机数也超过 6.5 万。然而有些网络对连接在网络上的计算机数目有限制,根本达不到这么大的数目。例如,10BASE-T 以太网规定最大结点数只有 1 024,这样的以太网若使用一个 B 类地址就浪费了 6 万多个 IP 地址,而其他单位的主机又无法使用这些被浪费的地址。IP 地址的浪费,使 IP 地址空间资源过早地被用完。划分子网可以提高 IP 地址的利用率,缓解 IP 地址的缺乏。

（2）两级 IP 地址不够灵活。有时一个单位虽然计算机数不多,但几个部门都想拥有独立的网络。如何解决此问题呢?

1985 年有人提出在 IP 地址中增加一个"子网号字段",使两级 IP 地址变成三级 IP 地址,这样较好地解决了上述问题,且使用起来也很灵活。这种做法叫作划分子网或子网寻址。

划分子网可以缩小广播域,减少广播风暴对网络的影响。路由器每一接口连接一个子网,广播报文只能在子网内广播,不能经过路由器广播出去扩散到别的子网内。

2.划分子网的基本思路

（1）一个单位的网络,可划分为若干个子网(Subnet),对外仍然表现为一个网络。

（2）划分子网的方法是从网络的主机号部分的高位借用若干个比特作为子网号 Subnet-id,而主机号也就相应减少了若干个比特。于是两级 IP 地址在本单位内部就变为三级 IP 地址:网络号、子网号和主机号。如图 3-5 所示。

（3）凡是从其他网络发送给一个单位某个主机的数据包,仍然是根据数据包的目的网

网络号	主机号		
网络号		子网号	主机号

图 3-5　三级结构的 IP 地址

络号找到连接在这个单位网络上的路由器,此路由器在收到数据包后,再按子网号找到目的子网,将数据包交付给目的主机。

对于两级结构的 IP 地址,网络号字段就是 IP 地址的"因特网部分",而主机号字段是 IP 地址的"本地部分"。划分子网只是将 IP 地址的本地部分再划分,并不改变 IP 地址的因特网部分。

根据因特网标准协议[RFC 950]文档,在划分子网时,子网号不能全取"1"和"0"。若子网号全为"0",代表上一级网络的网络地址;子网号全为"1",用于向子网广播。随着无分类域间路由选择 CIDR 的使用,现在全"1"和全"0"的子网号也可以使用了,但一定要弄清楚使用的路由器是否支持这种较新的用法。RFC 是一系列以编号排定的有关因特网相关资讯文件。几乎所有的因特网标准都收录在 RFC 文件中。

子网号的比特位越多,子网的数目越多,但每个子网中可连接的主机数却越少,因此要根据网络的具体情况来选择。由于子网间要通过路由器进行互相通信,所以子网中的主机数要考虑为路由器留一个地址(当然如使用三层交换机可不留)。

3.子网的划分方法

在划分子网前必须先搞清楚要划分的子网数目,以及每个子网内所包含的主机数目,计算步骤:

第 1 步,$2^n-2\geq$ 子网数,n 取最小值,表示子网号的二进制位数;

第 2 步,在原主机号的高位去掉 n 位。计算每个子网中最多可容纳的计算机数,分析题目是否合理;

第 3 步,确定子网号;

第 4 步,在子网号部分前加上原来的网络号,构成子网络地址;

第 5 步,计算掩码,将子网络地址部分对应各位都置成"1",主机号对应各位全用"0"表示,求出子网掩码;

第 6 步,确定每个子网中可供分配的 IP 地址范围。

为了便于理解,现举例说明如下:假如要将一 C 类 IP 地址 198.195.10.0 划分成 5 个子网,求各子网的网络号:

①表示子网需二进制位数

$$2^n-2\geq5 \quad 2^n\geq7 \quad n=3$$

②每个子网中最多可容纳的计算机数,主机号部分有 8 位二进制数,去掉 3 位

$$2^{8-3}-2=30$$

每个子网最多可容纳 30 台计算机(应留一个 IP 地址给路由器用)。

③确定子网号:3 位二进制数有如下 8 种排列法:000,001,010,011,100,101,110,

111。去除全 0 和全 1 两种情况,还余 6 种排列,在其后加上主机号的 5 位全 0,表示子网号部分。

④在子网号部分前加上原来的网络号,构成子网络地址。

最后 1 字节	子网号部分	子网络地址
00100000	32	198.195.10.32
01000000	64	198.195.10.64
01100000	96	198.195.10.96
10000000	128	198.195.10.128
10100000	160	198.195.10.160

⑤掩码。由于第四字节前三位为子网号,所以该字节掩码的前三位都为 1,其值为 224,前三个字节是网络号,其掩码是 255.255.255。

11100000	224	255.255.255.224

⑥子网 1 主机 IP 范围:198.195.10.33～198.195.10.62
   子网 2 主机 IP 范围:198.195.10.65～198.195.10.94
   子网 3 主机 IP 范围:198.195.10.97～198.195.10.126
   子网 4 主机 IP 范围:198.195.10.129～198.195.10.158
   子网 5 主机 IP 范围:198.195.10.161～198.195.10.190

【例 3-1】 若某单位的网络号为 198.5.3.0,现有 100 台计算机需要联网,每个子网内的主机台数不少于 40,如何划分子网,各子网的网络地址是多少?

解:

由于每个子网内的主机台数不少于 40,总计算机台数 100,说明最多有两个部门。建两个子网。

建两个子网,需 2 位作子网号。余 6 位作为主机号,每个子网能容纳计算机 $2^6-2=62$ 台,满足每个子网不多于 60 台的要求。

子网 1:　　198.5.3.　　01 | ×××××　　　　子网络 1 地址:198.5.3.64
　　　　　　网络号　子网号 | 主机号

子网 2:　　198.5.3.　　10 | ×××××　　　　子网络 2 地址:198.5.3.128
　　　　　　网络号　子网号 | 主机号

子网掩码:
　　255.255.255.11 | 000000　（192）　　255.255.255.192

子网 1 主机 IP 范围:198.5.3.65～198.5.3.126
子网 2 主机 IP 范围:198.5.3.129～198.5.3.190

【例 3-2】 要将一个 B 类 IP 地址为 168.195.0.0 的网络划分成多个子网,每个子网内最多有主机台数 800,能划分多少个子网,子网掩码是什么?

计算方法如下:

第 1 步,首先由子网中要求容纳的主机台数 800 计算主机号位数,$2^n-2>=800$,得到 $n=10$。

第 2 步,B 类地址主机号部分有 16 位,减去 10 剩 6 位(第 3 字节)可作子网号用,应

能划分成 $2^6-2=64-2=62$ 个子网。

第 3 步,求出掩码:将 255.255.255.255 后 2 个字节从后向前的 10 位全部置为"0",得到的二进制数为"255.255.11111100.00000000",转换成十进制后即为 255.255.252.0,这就是要划分成主机台数为 800 的子网的子网掩码。

此题能划分成 62 个子网,子网掩码为 255.255.252.0

【例 3-3】 一个主机的 IP 地址是 202.112.14.137,子网掩码是 255.255.255.224,计算这个主机所在子网络地址、广播地址及该子网的主机 IP 地址范围。

解:在子网掩码 255.255.255.224 中,只有最后一个字节不是 255,所以将 IP 地址和子网掩码的最后一个字节转换成二进制数,并将两数上下按位对齐。求子网络地址时,将 IP 地址与子网掩码按位相"与"计算;求主机号时,将子网掩码求反后与 IP 地址相"与"计算。如下所示。

IP   202.112.14.137   202.112.14. 100 01001

子网掩码: 255.255.255.224   255.255.255. 111 00000

因第 4 字节的前三位为子网号: 202.112.14. 100 00000

              即子网络地址: 202.112.14. 128

广播地址:将 IP 的主机号部分全填 1。

                        202.112.14. 10011111   即:202.112.14.159

广播地址就是相邻的下一个子网络的网络地址减 1。下一个子网号是 160,因此广播地址为 202.112.14.159。

子网中主机的 IP 地址范围:本子网络号+1～相邻的下一子网络号-2。

即:202.112.14.129～202.112.14.158。

【例 3-4】 若掩码为 255.255.255.240,以下 IP 地址中哪些是子网地址?哪些是子网广播地址?哪些是主机地址?(子网号全 0、全 1 可用)

①x.y.z.0;②x.y.z.8;③x.y.z.31;④x.y.z.94;⑤x.y.z.96;⑥x.y.z.249

解:将掩码的第 4 字节转成二进制数,再将各 IP 地址的第 4 字节转成二进制数。

240   11110000   掩码

①0   00000000   子网地址   (子网号全 0)

②8   00001000   主机地址   (子网号全 0)

③31   00011111   子网广播地址

④94   01011110   主机地址

⑤96   01100000   子网地址

⑥249   11111001   主机地址   (子网号全 1)

3.3.2 构造超网

超网(Super Net)是和子网相对应的说法,它是将多个小的相邻的网络地址(C 类地址)合并为一个大的网络地址。采用超网的原因是由于 Internet 的快速发展导致 B 类地址很快被用完,人们倾向于使用 B 类地址,并在其上进行子网划分,以避免由于使用多个 C 类地址给网络配置和管理带来不便。如何将多个连续的 C 类网络地址聚合起来映射到一个物理网络上。使用这个聚合起来的 C 类地址的共同地址前缀作为其网络号,于是超网应运而生。

超网同样采用掩码的方式来识别,不过它是将网络号的一部分当作主机地址,一般来说是从网络号部分的最低位用起。

例如,某大学的 IP 地址范围是由 16 个 C 类地址 202.102.96.1 至 202.102.111.254 聚合而成。列出所有的 IP 地址,其中 202.102 是共有部分,不必变动,将 IP 地址的第 3 字节转换成二进制数。在第 3 字节中找出共有的部分 0110,如下所示。

202.102.96.1	202.102.0110	0000 00000001
……		
202.102.97.1	202.102.0110	0001 00000001
……		
202.102.111.254	202.102.0110	1111 11111110

将 0110 作为网络号的一部分,其值为 01100000(96),将该字节的低 4 位作为超网的主机号。共有 16 个不同的值,表示分类 IP 的 16 个 C 类网。

该超网的网络号为:202.102.96.0;

掩码为: 11111111 11111111 11110000 00000000 (255.255.240.0);

广播地址是: 202.   102.   01101111 11111111 (202.102.111.255)。

这样,原本不在一个 C 类网络中的地址 202.102.98.4 和 202.102.100.80 就在同一超网中了。

子网编址节省了大量的 IP 地址空间,超网编址的出现又解决了 B 类地址空间用完的紧迫问题。

超网主要用在路由器的路由表上,没有使用超网时,路由器必须把大网络里多个路由信息逐个通告,实现超网后,只需通告一个路由信息就可以了,大大减轻了路由器的负担。

这种将统一网段的不同子网的路由聚合成一条路由,称为路由聚合。

3.3.3 无分类编址

1.网络前缀

不论是子网还是超网,其网络号主要取决于掩码中 1 的个数,如果在给出主机 IP 地址的同时,给出网络号的位数,即"网络前缀"(Network-Prefix)就可代替子网掩码。这不仅简化了 IP 地址的表示,更重要的是解决了 IP 地址已经严重不足的问题。

1993 年,Fuller 等人提出了一种 IP 地址的分配和路由信息集成的策略,称为无类别域间路由(Classless Inter-Domain Routing,CIDR)。"无类别"的意思是现在的选择路由决策是基于整个 32 bit IP 地址的掩码操作,而不管其 IP 地址是 A 类、B 类或是 C 类。现在 CIDR 已成为因特网建议标准协议。

2.CIDR 的主要特点

(1)CIDR 消除了传统的 A 类、B 类和 C 类地址以及划分子网的概念,可以更加有效地分配 IPv4 的地址空间。

CIDR 使用"斜线记法"(Slash Notation),又称为 CIDR 记法,即在 IP 地址后面加上一个斜线"/",然后写上网络前缀(这个数值对应于三级编址中子网掩码中比特 1 的个数)。例如:192.168.0.132/28,这排数字告诉你子网掩码是 28 位 1。

例如,128.14.46.34/20,表示在这个 32 bit 的 IP 地址中,前 20 bit 表示网络号(前缀),即第 3 字节中前 4 位是网络号,而后面的 4 位和第 4 字节共 12 bit 为主机号。

(2)CIDR 将网络前缀都相同的连续的 IP 地址组成"CIDR 地址块"(相当于子网中主机 IP 地址范围),如:128.14.46.0/20。

将点分十进制的 IP 地址写成二进制时才能看清楚网络号和主机号。例如,上述地址的第 3 个字节 46 转换成二进制数为 00101110,前 4 位为 0010(网络号),该字节的网络号为 0010 0000,即 32;后 4 位 1110 为主机号部分。

128.14.32.0/20 表示的地址块共有 2^{12} 个地址,而该地址块的起始地址是 128.14.32.0。上面的地址块的最小地址和最大地址是:

/20 说明网络号占 20 位,即第 1、2 字节和第 3 字节前 4 位为网络号

第三字节 32 转成　　0010 0000

最小地址　　128.14.0010 0000 00000000　　128.14.32.0

最大地址　　128.14.0010 1111 11111111　　128.14.47.255

这两个主机号为全"0"和全"1"的地址一般并不指派给主机使用。通常只使用在这两个地址之间的地址。用地址块的最小地址及网络前缀的位数 n,指明这个地址块,简称为"/n 地址块"。

当见到斜线记法表示的地址时,一定要根据上下文弄清它是指单个的 IP 地址(有主机号)还是指一个地址块(仅有网络号)。

3.掩码与前缀

CIDR 虽然不使用子网,也不叫作子网掩码,而称为前缀。但是前缀也就是斜线记法中的数字,实质就是掩码中 1 的个数。

3.4　下一代网际协议 IPv6

3.4.1　IPv4 的危机

近年来,随着移动互联网、语音和数据的集成以及嵌入式设备的快速发展,以互联网为核心的未来通信模式正在形成。

到目前为止,互联网取得了巨大的成功。但是,现在使用的 IP(即 IPv4)是在 20 世纪 70 年代末为实现计算机互联实验而设计的,现在无论从因特网规模还是从网络传输速率来看,IPv4 出现如下问题:

(1)空间不足成为 Internet 发展的最大障碍

目前的 IPv4 使用 32 位地址,虽然理论上 32 位可以提供 210 多万个网络号,应用在 37 亿多个主机上。但由于最初采用分类 IP 地址进行分配,有大量的 IP 地址浪费了。随着 Internet 的迅猛发展,局域网和网络上的主机数急剧增长,使得实际可用的地址大为减少。尽管采取了 NAT、子网、超网与 CIDR 技术,IPv4 地址已经分配完。现在,越来越多

的其他设备包括 PDA（Personal Digital Assistant）掌上电脑、手机、汽车、各种家用电器等，也都要连接到 Internet 上，都希望分配一个 IP 地址。IPv4 显然已经无法满足这些要求。

（2）过短的 IP 数据报首部长度使某些选项形同虚设

IPv4 的首部字段长为 4 bit，它所能表示的最大值为 15。以 4 字节为一个单位，它所能允许的首部最长为 60 字节。扣除固定部分外，选项域（可变部分）只有 40 字节，这对于某些略长的选项显得不足。

（3）网络攻击使用户有不安全感

最初的计算机网络应用范围小，在安全性问题上未给予足够的重视。然而随着数以万计的用户开始通过网络办理各种事项，安全性成为一个不容忽视的大问题。

（4）IPv4 的自身结构影响传输速率

目前的 IPv4 结构的不合理性影响着路由器的处理效率，进而影响传输速率。在我国，"网络拥堵"现象尤为明显。我国约有 2.77 亿个可用的 IPv4 地址，远远不能满足国内的 IPv4 地址需求，因此运营商广泛采用 NAT 技术来最大程度复用 IPv4 地址，这严重地影响了上网速率。

1998 年 12 月，由 Internet 工程任务工作组（Internet Engineering Task Force，IETF）发表了 IPv6 标准，即 IPNG（IP Next Generation），IP 地址用 128 位二进制数表示。

使用 IPv6 后，用户之间可以直接进行互连而不再需要进行烦琐的 NAT 转换，不需要太多的协议转换，家庭用户的上网速率会大幅度提高。

IPv4 向 IPv6 转型是一个巨大工程。除了所有连接互联网的路由器、调制解调器必须更换外，所有的网站及互联网运营商 ISP 也都必须全面改造，提供适于 IPv6 终端接入网站的入口。

3.4.2　IPv6 的地址表示方法

IPv6 地址为 128 位，每个 IPv6 地址被分为 8 组，每组 16 bit 用 4 个十六进制数来表示，组和组之间用英文半角冒号隔开，称为冒号十六进制记法。比如：

DA57:291A:0000:0000:0000:0000:81FF:FA10

冒号十六进制记法中使用了两种方法来简化 IP 地址。

第一种方法是零压缩法，即一组连续的 0 可以通过一对冒号来替代。例如，上述地址采用零压缩法后，就可以写成：

DA57:291A::81FF:FA10

为了进一步压缩，对于 4 位十六进制中出现的高位的 0 可以不列出。例如，

0AFF::100D:000C:000A，进一步压缩后就可以写成：

AFF::100D:C:A

另一种优化冒号十六进制记法的方法是，将冒号十六进制记法与点分十进制记法进行结合，一般使用点分十进制记法作为冒号十六进制记法的后缀。下面是一个合法的地址组合：

0:0:0:0:0:0:218.94.28.19

再使用零压缩法后，就可以写成：
::218.94.28.19

3.4.3　从 IPv4 过渡到 IPv6 的两种策略

目前由于 IPv6 不可能立即取代 IPv4，所以 IPv6 要与 IPv4 共存（即兼容）很长时间。IPv4 和 IPv6 互联互通有两种策略：

1.双栈策略

双栈策略是指在网元中，同时具有 IPv4 和 IPv6 两个协议栈，它既可以接收、处理、收发 IPv4 的分组，也可以接收、处理、收发 IPv6 的分组。对于主机（终端）来讲，可以根据需要对数据进行 IPv4 封装或者 IPv6 封装。对于路由器来讲，要维护 IPv6 和 IPv4 两套路由协议栈，使得路由器既能与 IPv4 主机通信也能与 IPv6 主机通信，分别支持独立的 IPv6 和 IPv4 路由协议，维护不同的路由表。IPv6 数据报按照 IPv6 路由协议的路由表转发，IPv4 数据报按照 IPv4 路由协议的路由表转发。

2.隧道策略

隧道策略是 IPv4/v6 综合组网技术中经常使用的一种机制。所谓"隧道"，简单地讲就是利用一种协议来传输另一种协议的数据的技术。隧道包括隧道入口和隧道出口（隧道终点），这些隧道端点通常都是双栈结点。在隧道入口以一种协议的形式对另外一种协议数据进行封装，并发送。在隧道出口对接收到的协议数据解封装，并做相应的处理。在隧道的出口通常出于安全性考虑要对封装的数据进行过滤，以防止来自外部的恶意攻击。

隧道的配置分为手工配置和自动配置，而自动配置隧道又可分为兼容地址自动隧道、6to4 隧道、6over4 隧道、ISATAP 隧道、MPLS 隧道、GRE 隧道等，这些隧道的实现原理和技术细节都不相同，相应的，其应用场景也就不同。

应尽可能地使用双栈策略，除在迫不得已的情况下才启用隧道策略。

3.5　IPv4 数据报的格式

在 TCP/IP 标准中，IP 数据报格式常常以 32 bit（即 4 字节）为单位来描述。如图 3-6 所示为 IP 数据报的完整格式。

一个 IP 数据报由首部和数据两部分组成。首部的前一部分是固定长度，共 20 字节，是所有 IP 数据报必须具有的。在首部的固定部分的后面是一些可选字段，其长度是可变的。

1.IP 数据报首部固定部分中的各字段意义

（1）版本，占 4 bit，指 IP 数据报协议的版本。通信双方使用的 IP 协议的版本必须一致。目前 IPv4 和 IPv6 并存，广泛使用的 IP 协议版本号为 4（即 IPv4）。

（2）首部长度，占 4 bit，可表示的最大数值是 15 个单位（1 个单位为 4 字节），即 60 字节；常用的首部长度字段最小值为 5（0101），即 20 字节，此时无须可选字段。当 IP 分组的首部长度不是 4 字节的整数倍时，必须用填充字段加以填充。

（3）服务类型，占 8 bit，用来获得更好的服务。前期没有人使用服务类型字段。1998

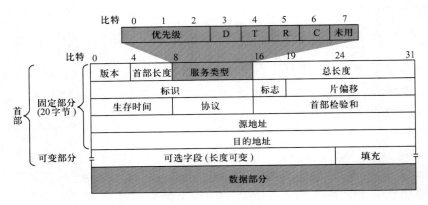

图 3-6 IP 数据报的完整格式

年改为"区分服务 DS(Differentiated Services)",需要将实时多媒体信息在因特网上传送,服务类型字段才引起重视。

(4)总长度,占 16 bit,指首部和数据之和的长度,单位为字节(IP 数据报最大长度为 65535 字节)。在 IP 层下面的每一种数据链路层协议都有自己的帧格式,都规定了数据字段的最大长度,这称为最大传输单元 MTU(Maximum Transmission Unit)。当一个 IP 数据报封装成链路层的帧时,此数据报的总长度(即首部加上数据部分)一定不能超过下面的数据链路层的 MTU 值,否则就要分片,Internet 上的主机和路由器能接受的数据报长度不超过 576 字节(512 B 数据+60 B 首部)。数据报越短,路由器转发的速度越快。

(5)标识(Identification),占 16 bit,它是一个计数器,每产生一个 IP 数据报,计数器就加 1,并将此值赋给标识字段,作为数据报的标识。当数据报由于长度超过网络上允许传送的 MTU 而必须分片时,这个标识字段的值就被复制到所有的数据报片的标识字段中,使分片后的各数据报片最后能正确地重装成原来的数据报。

(6)标志(Flag),占 3 bit,目前只有低两位有意义。

①标志字段中的最低位记为 MF(More Fragment)。MF=1 表示后面"还有分片"的数据报,MF=0 表示这是最后一个数据报片。

②标志字段中间的一位记为 DF(Don't Fragment),意思是"不能分片"。只有 DF=0 时才允许分片。

(7)片偏移,占 13 bit。片偏移指出该片在原数据报中相对数据字段起点的位置,该片从何处开始。偏移以 8 个字节为偏移单位。这就是说,每个分片的长度一定是 8 字节(64 bit)的整数倍。

在 TCP/IP 互联网中,中途路由器有时需要对 IP 数据报进行分片。

(8)生存时间,占 8 bit,生存时间字段记为 TTL(Time To Live),即数据报在网络中的寿命,其单位原为秒,但现已将 TTL 改为数据报被路由器丢弃之前至多可经过多少个路由器的个数(跳数),每跳到一个路由器,其值减 1,减到 0 时,丢弃该数据报。若把 TTL 的初始值设为 1,就表示这个数据报只能在本局域网中传送。

(9)协议,占 8 bit,协议字段指出此数据报携带的数据是使用何种协议,以便使目的主机的 IP 层知道应将数据部分上交给哪一个处理进程。

（10）首部检验和，占 16 bit，这个字段只检验数据报的首部，不包括数据部分。这是因为数据报每经过一个路由器，都要重新计算一下首部检验和（一些字段，如生存时间、标志和片偏移等都可能发生变化）。

（11）源地址，占 4 字节。

（12）目的地址，占 4 字节。

2.IP 数据报首部的可变部分

IP 数据报首部的可变部分是一个可选字段，用来支持排错、测量以及安全等措施。此字段的长度可变，从 1 到 40 个字节不等，取决于所选择的项目。中间不需要有分隔符，最后用全"0"的填充字段补齐成 4 字节的整数倍。

3.6　使用路由器实现网络互连

路由器是在网络层上实现多个不同网络互连的设备。路由器利用网络层定义的"逻辑"地址（即 IP 地址）来区别不同的网络，实现网络的互连和隔离，保持各个网络的独立性。

3.6.1　通过路由器隔离广播域

在网络中，具有相同网络号的主机之间可以直接进行通信，网络号不同的主机间不能直接通信，即使将它们用网桥或交换机连接在一起，也不能彼此通信。两个网络之间的通信必须通过路由器转发才能实现。

路由器只转发数据包，路由器不仅能像交换机一样隔离冲突域，而且还能检测出广播数据包，并丢弃广播数据包来隔离广播域。

这样减小了冲突的概率，有效地扩大了网络的规模。如图 3-7 所示。

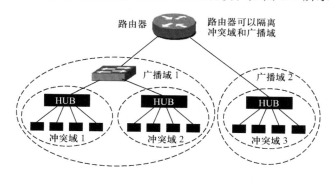

图 3-7　路由器隔离冲突域和广播域

3.6.2　路由器工作原理

1.路由器的特征

（1）当路由器接收到一个数据包时，就检查其中的 IP 地址，如果目的地址和源地址网络号相同就不理会该数据包；如果两地址不同，就将数据包转发出去。

（2）路由器具有路径选择能力，在互联网中，从一个结点到另一个结点，可能有许多路径，选择通畅快捷的近路，会大大提高通信速度，减轻网络系统通信负荷，节约网络系统资源，这是集线器和二层交换机所不具备的性能。

（3）路由器能够连接不同类型的局域网和广域网。不同类型的网络传送的数据单元——帧（Frame）的格式和大小可能不同。数据从一种类型的网络传输至另一种类型的网络时，必须由路由器进行帧格式转换。

2.路由表

路由器选择最佳路径的策略即路由算法是路由器的关键。路由器的各种传输路径的相关数据存放在路由表（Routing Table）中，路由表存储着指向特定网络地址的路径（在有些情况下，还记录了路径的路由度量值）。路由表中含有网络周边的拓扑信息。路由表建立的主要目的是实现路由协议和路由选择。表中包含的信息决定了数据包转发的策略。路由表可以是由系统管理员固定设置好的，也可由系统动态调整。

（1）静态路由表

由系统管理员事先设置好的固定的路由表称为静态（Static）路由表，一般是在系统安装时根据网络的配置情况设定的，它不会随以后网络结构的改变而改变。

（2）动态路由表

动态（Dynamic）路由表是路由器根据路由选择协议（Routing Protocol）提供的功能，自动学习和记忆网络运行情况而自动调整的路由表，能自动计算数据传输的最佳路径。

路由器通常依靠所建立及维护的路由表来决定如何转发。一般路由器中路由表的每一项至少有以下的信息：目标地址、网络掩码、下一跳地址及距离。

3.路由器的工作原理

路由器有多个端口，不同的端口连接不同的网络，各网络中的主机通过与自己网络相连接的路由器端口把要发送的数据包传送到路由器上。

路由器在收到一个数据包时，在其数据链路层解封，除去首部，将 IP 数据报传至网络层，在网络层能够根据数据报中的子网掩码很快将目的 IP 地址中的网络号提取出来。

根据数据报的目的 IP 地址的网络号部分，查找路由表，选择合适的端口，把数据包送出去；若目的 IP 地址的网络号与源 IP 地址的网络号一致，则该路由器将此数据帧丢弃；如果某端口所连接的是目的网络，就直接把数据报通过该端口送到目的网络上，否则，选择默认路由，用来传送不知道往哪儿传送的 IP 数据报。这样一级级地传送，数据包最终将被送到目的地，送不到目的地的数据包则被网络丢弃了。

例如，有 4 个网络通过 3 个路由器连接，按主机所在的网络地址来制作路由表。

以路由器 R_1 的路由表为例，如图 3-8 所示。若目的站点在网 1（20.0.0.0）中，则由 E0 直接交付；若目的站点在网 2（30.0.0.0）中，由 E1 直接交付；若目的站点在网 3 或网 4 中，则都应经入口地址为 30.0.0.3 的路由器 R_2 转发至网 3 或网 4。默认路由代表所有具有相同下一跳的项目。

注意：

（1）在同一个局域网上的主机和路由器的 IP 地址中的网络号必须相同。

（2）路由器总是具有两个或两个以上的 IP 地址。即路由器的每一个接口都有一个不

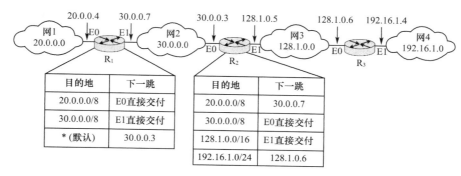

图 3-8　3 个路由器连接 4 个局域网

同网络号的 IP 地址。

（3）路由器可采用默认路由，以减少路由表所占用的空间和搜索路由表所用的时间。

（4）在 Internet 上，路由器间数据的传输是依靠在网络层获取到的数据包中目的 IP 地址中的网络号进行的。

3.6.3　IP 地址与硬件地址

我们已经学习了 IP 地址与硬件地址两种地址表示方法，重要的是要弄懂两者的区别。图 3-9 说明了这两种地址的区别。

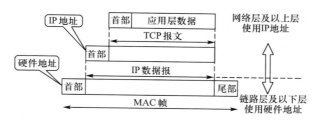

图 3-9　IP 地址与硬件地址的区别

从层次的角度看，硬件地址是数据链路层和物理层使用的地址，而 IP 地址是网络层使用的地址。

在数据包的首部中没有地方可以用来指明"下一跳路由器的 IP 地址"。既然数据包中没有下一跳路由器的 IP 地址，那么待转发的数据包又如何能找到下一跳路由器呢？

当路由器收到一个数据包时，在网络层获得数据报的 IP 地址，从而由路由表得出下一跳路由器的 IP 地址，由网络接口软件负责将下一跳路由器的 IP 地址用 ARP 转换成硬件地址，并在链路层将此硬件地址放进 MAC 帧的首部，根据这个硬件地址找到下一跳路由器。可见，查找路由表、计算硬件地址、写入 MAC 帧的首部等过程，在各路由器中将不断地重复进行。

如图 3-10 所示为三个局域网用 2 个路由器 R_1 和 R_2 互连起来。若主机 H_1 要和主机 H_2 通信，通信的路径是：$H_1 \rightarrow$ 经过 R_1 转发 $\rightarrow$ 再经过 R_2 转发 $\rightarrow H_2$。路由器 R_1 因同时连接到两个局域网上，故它有两个硬件地址，即 HA_3 和 HA_4。同理，路由器 R_2 也有两个硬件地址 HA_5 和 HA_6。

图 3-10 由 2 个路由器连接的网络配置

设两个主机的 IP 地址分别是 IP_1 和 IP_2，它们各自的硬件地址分别为 HA_1 和 HA_2。

(1)在 IP 层抽象的互联网上只能看到数据包。虽然数据包要经过路由器 R_1 和 R_2 的两次转发,但在数据报的首部中的源地址和目的地址始终分别是 IP_1 和 IP_2。数据报经过的两个路由器的 IP 地址并不出现在数据报的首部中。

(2)路由器只根据目的站的 IP 地址的网络号进行路由选择。

(3)在数据链路层,MAC 帧在不同网络上传送时,其首部中的源地址和目的地址会发生变化。开始在 H_1 到 R_1 间传送时,MAC 帧首部中目的地址是 HA_3 的硬件地址;源地址是 HA_1 的硬件地址。路由器 R_1 收到此 MAC 帧后,在网络层取出目的 IP_2,查找路由表,在 R_1 的数据链路层改变 MAC 帧首部中的源地址和目的地址,将它们换成从硬件地址 HA_4 发送到硬件地址 HA_5。路由器 R_2 收到此帧后,在网络层查找路由表,然后在数据链路层再一次改变 MAC 帧首部中的源地址和目的地址,将它们换成从硬件地址 HA_6 发送到硬件地址 HA_2,然后在 R_2 到 H_2 之间传送。其过程如图 3-11 所示。

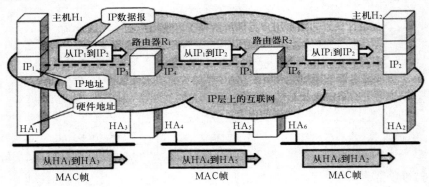

图 3-11 MAC 帧在不同的路由器中转发时 MAC 地址变化

3.6.4 地址解析协议 ARP

IP 地址只是主机在网络层中的地址,要将网络层的数据报传送到数据链路层封装成 MAC 帧后才能发送到实际的网络上。不管网络层使用的是什么协议,在实际网络的链路上传送数据帧时,必须使用硬件地址。

每一个主机都有一个 ARP 高速缓存(ARP Cache),里面有其所在的局域网上的各主机和路由器的 IP 地址到硬件地址的映射表。这个映射表经常动态更新。

当主机 A 欲向本局域网上的某个主机 B 发送数据包时,就先在其 ARP 高速缓存中查看有无主机 B 的 IP 地址。如有,就可查出 B 对应的硬件地址,再将此硬件地址写入 MAC 帧,然后通过局域网将该 MAC 帧发往此硬件地址。

查不到主机 B 的 IP 地址的项目,可能是主机 B 才入网,也可能是主机 A 刚刚加电,其高速缓存还是空的。在这种情况下,主机 A 就自动运行 ARP,然后按以下步骤查找主机 B 的硬件地址。

（1）ARP 进程在本局域网上广播发送一个 ARP 请求分组。其主要内容应当包括自己的 IP 地址和硬件地址,以及要查找的主机 B 的 IP 地址。

（2）在本局域网所有主机上运行的 ARP 进程都会收到这个 ARP 请求分组。

（3）主机 B 向主机 A 发送 ARP 响应分组,给出主机 B 的 IP 地址和硬件地址,并将主机 A 的 IP 地址到硬件地址的映射写入自己（主机 B）的 ARP 高速缓存中。其余主机不理睬这个 ARP 请求分组。

（4）主机 A 收到主机 B 的 ARP 响应分组后,就把主机 B 的 IP 地址到硬件地址的映射写入它的 ARP 高速缓存中。这样该主机下次再和具有同样目的地址的主机通信时,可直接从高速缓存中找到所需的硬件地址而不必再广播 ARP 请求分组了。

ARP 将保存在高速缓存中的每一个映射地址项目都设置生存时间（一般为 10～20 min）,凡超过生存时间的项目就从高速缓存中删除。

注意,ARP 是解决同一个局域网上的主机或路由器的 IP 地址和硬件地址的映射。如果目的主机和源主机不在同一个局域网上,如图 3-10 所示的主机 H_1 和 H_2,主机 H_1 得不到响应分组,就将默认路由器 R_1 端口的硬件地址 HA_3 写入 MAC 帧,以便将其传送到路由器 R_1。

从 IP 地址到硬件地址的解析是自动进行的,主机的用户看不到这种地址解析过程。数据报穿越路由器前往目标网络过程中,MAC 帧首部地址是变化的。

3.6.5　网关的基本概念

网关（Gateway）又称协议转换器。网关是在高层协议不相同时实现多个网络互连的设备。网关是一种具备转换重任的计算机系统或设备。使用在不同的通信协议、数据格式或语言,甚至体系结构完全不同的两种系统之间,网关是一个翻译器。

假设一个 NetWare 结点要与 IBM 系统和网络体系结构（Systems Network Architecture,SNA）网中的一台主机通信,在这种情况下,由于 NetWare 与 SNA 的高层网络协议不同,所以局域网中的 NetWare 结点不能直接访问 SNA 网中的主机,它们之间的通信必须通过网关来完成,网关可以完成不同网络协议之间的转换。

实际应用中,人们常将连接两个不同网络的路由器称为网关。例如,人们上网配置计算机的 IP 地址时,就要给出将你的计算机连接到 Internet 的网关（路由器）的 IP 地址。

3.7　路由选择协议

一个在网络上传送的数据包,到达一个路由器时,由数据报的目的 IP 地址查找路由表,并沿着最佳或非常合适的路由将分组送到目的站。这样一条路由取决于所用的路由选择算法类型。

路由器可以依赖人工编程把选择的路径输进设备,这被称为静态路由选择。而更好的方式是动态路由选择,它依靠路由器收集网络信息并建立自己的路由表,路由器相互交换路由表,并且归并这些路由信息建立更新的路由表。

大部分的公司和机构将它们拥有的路由器组合成一个自治系统,自治系统的本地路由选择信息使用 RIP 或者 OSPF 等内部网关协议进行收集。而在这些自治系统中,通过为位于各自自治区域边界的两台相邻路由器提供交换路由选择信息的方法,选择一台或者多台路由器使用外部网关协议(Exterior Gateway Protocol,EGP)与其他自治区域通信。

3.7.1　内部网关协议

内部网关协议(Interior Gateway Protocol,IGP)是在一个自治系统内部使用的路由选择协议。

RIP 是基于距离矢量算法的协议,使用"路程段数"(即"跳数 hop")作为网络距离的尺度。数据包每经过 1 个路由器,输出端口跳数就加 1。

该协议要求一条路径最多只能包含 15 台路由器,即跳数不能大于 15。因此 RIP 只适用于小型互连网络中。

OSPF 是开放最短路径优先协议,是一种分布式链路状态路由协议,也称为接口状态路由协议,用在一个自治系统内,适用于大型网络。在网络运行的过程中,只要一个路由器的链路状态发生了变化,该路由器就要使用链路状态更新分组向全网更新链路状态数据库,生成最短路径树,每个 OSPF 路由器都使用这些最短路径构造路由表。

3.7.2　外部网关协议

外部网关协议(EGP)是为域边界上的路由器提供一种交换消息和信息的方法的协议。它现在已被边界网关协议 BGP 取代,通过在路由器之间共享路由信息来支持可路由协议。路由信息在相邻路由器之间传递,确保所有路由器知道到其他路由器的路径信息。BGP 用来在多个自治系统间传递路由信息。

3.8　网络组建的基础知识

无论采用什么样的组网技术来规划网络,在网络设计时,都应保证建成后的网络,在长时间内具有较强的可用性和一定的先进性,满足网络未来扩展需求。良好的网络设计方案,除应体现出网络的优越性之外,还体现应用的实用性、网络的安全性,易于管理和扩展。

目前,大中型网络的设计普遍采用三层结构模型,如图 3-12 所示。这个三层结构模型将骨干网的逻辑结构划分为 3 个层次,即核心层(Core Layer)、汇聚层(Distribution Layer)和接入层(Access Layer),其中的每个层次都有其特定的功能。

层次化网络规划也由不同的层组成,这样可以让特定的功能和应用在不同的层面上分别执行。为获得最大的网络效能、完成特殊的网络应用,每个网络组件都被安置在分层

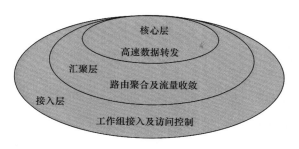

图 3-12　三层结构模型

设计的网络中。在层次化网络设计中,每一层都有不同的用途,通过与其他层协调工作获得最高的网络性能。

在网络规划设计时,应遵循分层网络设计思想。分层网络结构设计按照功能不同,应把整体网络结构分别规划到核心层、汇聚层和接入层这 3 个模块中。这样分层规划,使网络有一个结构化的设计,可以针对每个层次进行模块化分析,对网络统一管理和维护非常有帮助。

图 3-13 所示显示了分层网络设计模型结构,包括核心层、汇聚层和接入层。

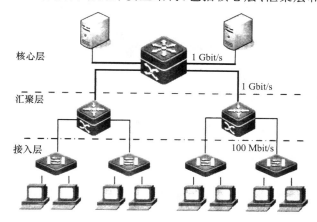

图 3-13　层次化结构网络设计

3 个层次的相关内容规划如下:

①核心层:核心层为网络提供骨干组件或高速交换组件。在纯粹的分层网络设计中,核心层只需要完成数据交换的特殊任务。

②汇聚层:汇聚层是核心层和终端用户接入层的分界面,汇聚层网络组件完成了 IP 数据包封装、过滤、寻址任务,提供策略增强和各种数据处理的任务。

③接入层:接入层保障终端用户能接入到网络,同时按照优先级设定传输带宽,优化网络资源的配置。

层次化网络拓扑中的每一层通过与其他层面协调工作,带来网络性能优化,使网络具有扩充性,减少网络冗余,使业务流控制容易等优点,同时还限制网络出错的范围,减轻网络管理和维护工作量。

3.9 组建网络

3.9.1 组建网络核心层

网络核心层就是整个网络中心,一般位于网络顶层,负责可靠而高速的数据流传输。

网络中所有网段都通向核心层。核心层的主要功能是:负责整个网络内的数据交换,以高速的交换,实现骨干网络之间的传输优化。

核心层设计任务的重点通常使网络具有冗余能力,保障网络可靠性和实现网络的高速传输。网络内的功能控制,尽量少在核心层上实施。核心层的设备选型,应当选用高速及功能强的路由交换机,以保障核心交换机拥有较高性能。因此,核心层设备在整个网络建设上将占投资的主要比重。图 3-14 所示的场景为保证网络核心层稳定、可靠,采用双核心的网络结构。

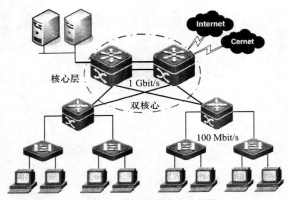

图 3-14　双核心型网络拓扑结构

核心层是网络高速交换骨干,对协调整个网络内部通信流量至关重要。一般网络核心层有以下特征:

①提供网络高可靠性。

②提供网络冗余链路。

③提供网络故障隔离。

④保障网络自适应升级。

⑤提供较少的滞后和良好的网络管理。

⑥避免由网络控制或其他配置,减少影响包传输缓慢的操作。

核心层是整个内部网络的高速交换中枢。核心层设备需要保证未来网络应该具有如下特性:可靠性、高效性、冗余性、容错性、可管理性、适应性、低延时性等。在核心层设备选型上,尽量采用高带宽(万兆、十万兆及更高速)的路由交换机。在设备规划上经常还采用双机冗余热备份架构。双机冗余热备份不仅仅能获得整个网络的稳定,还可以达到网络负荷均衡功能,改善网络性能。

图 3-15 所示为安装在核心层的万兆交换机设备。万兆核心交换机具有高达

1.6 Tbit/s以上级背板带宽,10 多个插槽,万兆端口密度为 32 个,二、三层转发速率为 572 Mbit/s,可配置冗余电源模块及管理引擎模块,而且所有模块支持热插拔,提高系统的可靠性和可用性。

图 3-15　核心层万兆路由交换机

3.9.2　组建网络汇聚层

汇聚层处于核心层与接入层之间,所有接入层连接到汇聚层,并汇集到核心层。

汇聚层主要负责接入层和核心层中心连接,扩大核心层设备端口密度,汇聚网络内各子网区域数据流量,实现骨干网络之间的传输优化,如图 3-16 所示。

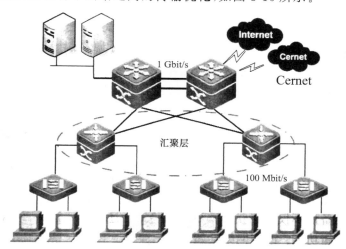

图 3-16　汇聚层网络拓扑结构

汇聚层有时也称为工作组层,是网络接入层和核心层的"中介"通信点。汇聚层在工作站数据流接入核心层前,先做汇聚,以减轻核心层设备负荷。

作为网络接入层和核心层之间分界点,汇聚层具有以下功能:

①制定通信策略(如保证从特定网络发送流量,从一个接口转发,或从另一个接口转发)。

②保障部门子网之间安全实施。

③完善部门或工作组级网络之间的安全访问。

④完善广播/多播域的范围定义。

⑤完成虚拟 LAN(VLAN)之间的路由选择。

⑥在路由选择域之间实施路由重分布(如 redistribution,在两个不同路由选择协议之间)。

⑦实现静态和动态路由选择协议之间选径和优化。

汇聚层主要提供网络路由、过滤和 WAN 接入,决定数据报怎样对核心层访问。在网络规划设计上,采用三层交换、三层路由及 VLAN 技术,达到网络隔离和分段的目的。

在设备选型上,汇聚层多选用三层交换机,也可视投资和核心层交换能力而定,选择万兆路由交换机,可大大减轻核心层的路由压力,实现路由流量的负荷均衡。图 3-17 所示为安装在汇聚层的全千兆三层交换机,可支持多个千兆端口,具有 48 Gbit/s 以上的背板带宽,二、三层包转发率达到 18 Mbit/s 以上,支持冗余电源接口。

图 3-17 汇聚层设备选型:三层交换机

3.9.3 组建网络接入层

接入层也称桌面层,是本地设备的汇集点,通常使用多台级连交换机或堆叠交换机组网,构成一个独立子网,控制用户对网络资源的访问,在汇聚层为各个子网之间建立路由。

接入层向本地网络提供工作站接入。在接入层中减少同一网段工作站数量,能够向本地网段提供高速带宽,如图 3-18 所示。接入层主要功能如下:

①对汇聚层的访问控制和安全策略进行支持。

②本地网段建立独立的冲突域。

③建立本地网段与汇聚层的网络连接。

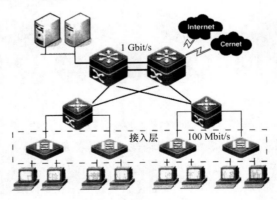

图 3-18 接入层的网络拓扑结构

作为二层交换网络,接入层提供本地工作站设备的网络接入服务。在整个网络中接入交换机的数量最多,具有即插即用的特性。对此类交换机的要求有:一是价格合理;二是可管理性好,易于使用和维护;三是有足够的吞吐量;四是稳定性好,能够在比较恶劣的环境下稳定地工作。

图 3-19 所示为接入层设备选型,接入层设备多为普通百兆、千兆交换机,一般具有全线速、可堆叠及智能化,可以配置百兆、千兆模块或堆叠模块。

图 3-19 接入层设备选型:二层三层交换机

3.10 层次化网络设计模型的优点

层次化网络设计模型具有以下优点:

1.可扩展性

由于分层设计的网络采用模块化设计,路由器、交换机和其他网络互连设备能在需要时方便地加到网络组件中。

2.高可用性

使网络具有冗余、备用路径,优化、协调、过滤和其他网络数据,使得层次化网络具有整体的高可用性。

3.低时延

由于路由器隔离了广播域,同时,网络中存在多条交换和路由选择路径,数据流能快速传送到目的端,而且保障网络只有非常低的时延。

4.故障隔离

使用层次化网络设计,易于实现网络故障隔离。模块化网络设计能通过合理的问题解决和网络组件分离方法,加快网络故障的排除。

5.模块化

分层网络的模块化设计,让网络的每个组件都能完成网络中的特定功能,因而可以增强网络系统的性能,使网络管理易于实现,并提高网络管理的组织能力。

6.高投资回报率

通过系统优化及改变数据交换路径和路由路径,可在分层网络中提高带宽利用率。

7.网络管理

如果建立的网络高效而完善,则对网络组件的管理更容易,实现化程度更高。

层次化结构设计也有一些缺点:出于对网络冗余能力的考虑和要采用特殊的交换设备,层次化网络的初次投资要明显高于平面型网络建设的费用。正是由于分层设计的高额投资,认真选择路由协议、网络组件和处理步骤就显得极为重要。

实 验 篇

第4章 交换机基本配置

4.1 交换机的基本配置概述

本节包括交换机基本配置、交换机远程配置和利用 TFTP 管理交换机的配置。

4.1.1 交换机配置的基础知识

1.网管型交换机

交换机的分类有多种方法,如果按交换机是否支持网络管理功能来分,可以将交换机分为网管型交换机和非网管型交换机两大类。网管型交换机能够提供基于终端控制口(Console)、Web 界面以及支持 Telnet 远程登录网络等多种网络管理方式,因此网络管理人员可以对该交换机的工作状态、网络运行状况进行全局性管理,使所有的网络资源处于良好的状态。图 4-1 为网管型交换机外观图。

图 4-1　网管型交换机外观图

网管型交换机支持简单网络管理协议 SNMP。SNMP 协议由一整套简单的网络通信规范组成,可以完成所有基本的网络管理任务,对网络资源的需求量少,具备一些安全机制。

非网管型交换机是指在使用中几乎不需任何配置,像集线器一样,接上电源,插好网线就可以正常工作。

2.网管型交换机的配置

网管型交换机的配置过程比较复杂,具体的配置方法会因不同应用、不同品牌、不同系列的交换机而有所不同。本节仅介绍交换机的基本配置方法。通常网管型交换机的配置主要有本地配置和远程网络配置两种方法,但后者只有在前一种配置成功后才可进行。

本地配置的任务主要包括:

(1)在计算机上安装 Windows XP 自带的"超级终端"(Hyper Terminal)组件,建立一个新的超级终端连接,配置数据传输率并予以命名。超级终端技术是利用服务器的运算能力,支持众多终端同时进行工作的一种计算模式。终端机不需要进行任何运算,只需要通过 PC 机、Modem 和网络,将键盘、鼠标等输入传送给服务器,同时接收服务器传回的显示信号,显示在屏幕上即可。在终端方式下,全部运算都集中在服务器上进行。其最大的优点就是时效性非常强,只受 Modem 速度影响而不受网络速度的控制,不受地域限制,不用交付网费。

(2)为交换机配置管理 IP 地址,主要是为以后通过 Telnet 等方式进行远程配置而做准备。

交换机基本配置的主要内容如下:

①基本配置的物理连接

笔记本电脑携带方便,经常用来配置交换机,当然也可以采用台式机。其连接如图 4-2 所示。利用一条反转线(一端是 T568A 或 T568B,另一端是其反序),将计算机的 COM 端口与交换机的 Console 端口连接。

图 4-2　本地配置的连接

Console 端口是专门用于交换机配置和管理的端口,由于其他配置方式都需要借助于交换机的 IP 地址、域名或设备名称才可以实现,而新购买的交换机没有内置这些参数,所以,通过 Console 端口连接并配置交换机,是配置交换机的第一步,也是网络管理员必须掌握的管理和配置方式。

Console 端口有的位于前面板,有的则位于后面板,但在其上方或侧方都会有"CONSOLE"字样作为标识,容易找到,如图 4-3 所示。

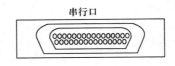

图 4-3　Console 端口的位置

绝大多数 Console 端口都采用 RJ-45 端口,但也有少数采用 DB-9 或 DB-25 端口,而且都需要通过专门的 Console 线连接至配置所用计算机的指定端口。

②配置 Windows 自带的"超级终端"组件

首先打开计算机和交换机电源,检查计算机是否安装"超级终端"组件。如果在"附件"中没有发现该组件,可通过"添加/删除程序"添加。

"超级终端"安装好后就可以与交换机进行通信了。在使用超级终端建立与交换机的通信之前,必须先对超级终端进行必要的设置。现以 Windows XP 系统为例,配置步骤如下:

单击"开始"→"程序"→"附件"→"通信"→"超级终端",弹出如图 4-4 所示的"连接描述"对话框。然后在"名称"文本框中键入一个自定义的、便于识别的超级终端连接名称,如"red"。还可以为这个连

图 4-4　"连接描述"对话框

接项选择一个自己喜欢的图标,然后单击"确定"按钮,弹出如图 4-5 所示的"连接到"对话框。

在"连接时使用"下拉列表框中选择与交换机相连的计算机串口。单击"确定"按钮,弹出如图 4-6 所示的"COM1 属性"对话框。

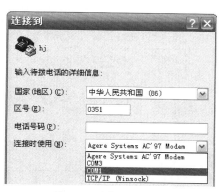

图 4-5 "连接到"对话框   图 4-6 "COM1 属性"对话框

在"每秒位数"下拉列表框中选择"9600","数据流控制"下拉列表框中选择"无",其他选项采用默认值。然后单击"确定"按钮,如果通信正常,就会显示交换机的初始配置情况,并显示交换机的当前模式。

3.交换机命令行界面

在交换机首次使用时只能使用串口方式连接交换机,称为带外(outband)管理方式。在进行了相关配置后,可以通过 Telnet 虚拟终端方式连接和管理交换机。

交换机所使用的软件系统称为网间操作系统(IOS,Inter-network Operating System),通常称为命令行界面(CLI,Command-Line Interface)。它是一个基于命令行的软件系统模式,在交换机、路由器、防火墙中都有。这种模式实际上就是一系列相关命令,但 CLI 与 DOS 命令不同,CLI 可以对命令和参数进行缩写,只要它包含的字符足以与其他当前所用的命令和参数区别开来即可。

在软件配置方面,思科、华为、锐捷等公司的产品所用的配置命令基本可以兼容。交换机的配置和管理可以通过多种方式实现,既可以使用命令行和菜单,也可以使用图形界面的 Web 浏览器或专门的网管软件。然而,命令行方式的功能更强大,虽然难度较大,但仍然是主要的配置模式。

(1)CLI 的命令模式

CLI 的命令模式是将命令划分成若干独立的集合,例如,interface fastEthernet number 命令就只能在全局配置模式下执行。以下是支持的主要命令模式:

- User EXEC 模式(用户模式);
- Privileged EXEC 模式(特权模式);
- Global Configuration 模式(全局配置模式);
- Interface Configuration 模式(接口配置模式);

- Config-vlan 模式(VLAN 配置模式)。

在不同的模式下,CLI 界面会出现不同的提示符。表 4-1 列出了命令模式、访问方法、模式的提示符、如何离开或访问下一模式。(这里假定交换机的名字为缺省的"Switch")

表 4-1 命令模式概要

命令模式	访问方法	提示符	离开或访问下一模式
用户模式	访问交换机时首先进入该模式	Switch＞	离开该模式,输入 exit 命令 进入特权模式,输入 enable 命令
特权模式	在用户模式下,使用 enable 命令进入该模式	Switch＃	返回用户模式,输入 disable 命令 进入全局配置模式,输入 configure 命令
全局配置模式	在特权模式下,使用 configure 命令进入该模式	Switch(config)＃	返回特权模式,输入 exit 或 end 命令,或者 Ctrl+Z 组合键 进入接口配置模式,输入 interface 命令 进入 VLAN 配置模式,输入 vlan vlan_id 命令
接口配置模式	在全局配置模式下,使用 interface 命令进入该模式	Switch(config-if)＃	返回特权模式,输入 end 命令或键入 Ctrl+Z 组合键 返回全局配置模式,输入 exit 命令 在 interface 命令中必须指明要进入哪一个接口配置子模式
VLAN 配置模式	在全局配置模式下,使用 vlan vlan_id 命令进入该模式	Switch(config-vlan)＃	返回特权模式,输入 end 命令或键入 Ctrl+Z 组合键 返回全局配置模式,输入 exit 命令

(2)命令模式的应用和缩写

任何 CLI 命令只能在各自的命令模式下才能执行,因此,在执行某个命令之前,必须先进入相应的命令模式。例如"interface type_number"命令只能在全局配置模式下执行,而"duplex full-flow-control"命令只能在接口配置模式下执行。

交换机 CLI 命令中的帮助命令"?"可以在任何命令模式下应用,只要键入"?"即可显示该命令模式下所有可用的命令及其用途,也可以在一个命令和参数后面加"?",以寻求相关的帮助。帮助命令用途很多,例如,在"＃"提示符下键入"?"并回车,即可显示在特权模式下有哪些可用的命令。"show ?"并回车,可以查看 Show 命令的用法。在特权模式下键入"c?",系统将显示以"c"开头的所有命令。也就是说,"?"具有局部关键字查找功能。如果只记得某个命令的前几个字符,就可以使用"?",让系统列出所有以该字符或字符串开头的命令。

IOS 命令均支持缩写,例如,将"show configure"缩写为"sh conf",将"interface serial 1/2"缩写成"int s 1/2"等。

(3)使用历史命令

为方便操作,CLI 系统提供用户曾经输入的命令记录。该特性在重新输入长而且复杂的命令时十分有用。

从历史命令记录重新调用输入过的命令,可执行表 4-2 中的操作。

表 4-2   **调用历史命令记录**

操作	结果
Ctrl＋P 或上方向键	在历史命令表中浏览前一条命令。从最近的一条记录开始,重复使用该操作可以查询更早的记录
Ctrl＋N 或下方向键	在历史命令表中回到更近的一条命令。重复使用该操作可以查询更近的记录

（4）理解 CLI 的提示信息

用户在使用 CLI 时,设备会提供必要的提示信息,下面列出用户在使用 CLI 管理交换机时可能遇到的一些常见的错误提示信息。

①用户没有输入足够的字符,交换机无法识别唯一的命令:

% Ambiguous command："show c"

遇到这种情况时,请重新输入命令,紧接着在发生歧义的单词后输入一个问号,可能的关键字将被显示出来。

②用户没有输入该命令的必需的关键字或者变量参数:

% Incomplete command

此时可以重新输入命令,输入空格再输入一个问号,可能输入的关键字或者变量参数将被显示出来。

③用户输入命令错误:

% Invalid input detected at ^ marker

符号(^)指明产生错误的单词的位置,在所在的命令模式提示符下输入一个问号,该模式允许的命令的关键字将被显示出来。

（5）编辑快捷键

表 4-3 列出了 CLI 的编辑快捷键。

表 4-3   **CLI 编辑快捷键**

功能	快捷键	说明
在编辑行内移动光标	左方向键或 Ctrl＋B	光标移到左边一个字符
	右方向键或 Ctrl＋F	光标移到右边一个字符
	Ctrl＋A	光标移到命令行的首部
	Ctrl＋E	光标移到命令行的尾部
删除输入的字符	Backspace 键	删除光标左边的一个字符
	Delete 键	删除光标所在的字符
输出时屏幕滚动一行或一页	Return 键	在显示内容时用回车键将输出的内容向上滚动一行,显示下一行内容,仅在输出内容未结束时使用
	Space 键	在显示内容时用空格键将输出的内容向上滚动一页,显示下一页内容,仅在输出内容未结束时使用

（6）命令行滑动窗口

用户可以使用编辑功能中的滑动窗口特性来编辑超过单行宽度的命令,使命令行的长度得以延伸。当编辑的光标接近右边框时,整个命令行会整体向左移动 20 个字符,但是仍然可以使光标回到前面的字符或者回到命令行的首部。

如表 4-3 所示,编辑命令行时光标向左回退一个字符可以使用左方向键或 Ctrl＋B,回到行首可以使用 Ctrl＋A;编辑命令行时光标向右前进一个字符可以使用右方向键或 Ctrl＋F,移动到行尾可以使用 Ctrl＋E。

例如,配置模式的命令 mac-address-table static 的输入可能超过一个屏幕的宽度(默认的终端行宽是 80 个字符)。当光标第一次接近行尾时,整个命令行整体向左移动 20 个字符。命令行前部被隐藏的部分被符号($)代替。每次接近右边界时都会向左移动 20 个字符长度。

Switch(config)# mac-address-table static 00d0.f800.0c0c vlan 1 interface

Switch(config)# $ tatic 00d0.f800.0c0c vlan 1 interface fastEthernet

Switch(config)# $ tatic 00d0.f800.0c0c vlan 1 interface fastEthernet 0/1

可以使用 Ctrl＋A 快捷键回到命令行的首部,这时命令行尾部被隐藏的部分将被符号($)代替:

Switch(config)# mac-address-table static 00d0.f800.0c0c vlan 1 interface $

使用命令行滑动窗口结合历史命令的功能,可以重复调用复杂的命令。

4.1.2 交换机的基础配置实验

1.CLI 命令模式

前面已经介绍了交换机的网际操作系统(IOS),这里具体了解一下 CLI 中这些模式的差别。

(1)用户模式

当用户访问交换机时,自动进入用户模式。在用户模式下的用户级别称为普通用户级,在特权模式下的用户级别称为特权用户级。普通用户级能够使用的 EXEC 命令(即可执行命令)只是特权用户级 EXEC 命令的一个子集。在这种情况下,用户通常只能进行一些简单的测试操作,或者查看系统的一些信息。

用户模式所能执行的 EXEC 命令由设备提供的功能决定,要查看全部命令列表,在命令模式提示符下键入查询符号(?):

Switch＞ ?

(2)特权模式

因为特权模式的命令管理着许多设备的运行参数,必须使用口令保护来防止非授权使用,所以从用户模式进入特权模式必须输入正确的口令。特权模式的命令集包含了用户模式的全部命令。如果系统管理员设置了特权级别的口令,则进入特权模式之前将提示需要输入口令,输入的口令在屏幕上不会显示。

特权模式的提示符为设备的名称后紧跟"#"符号,如 Switch#。

在用户模式下使用 enable 命令进入特权模式:

Switch＞ enable

Switch#

要返回用户模式,输入 disable 命令。

特权模式所能执行的 EXEC 命令由设备提供的功能决定,要查看全部命令列表,在命令模式提示符下键入查询符号(?):

Switch# ?

(3)全局配置模式

全局配置模式提供了从整体上对交换机特性产生影响的配置命令,在特权模式下,使用 configure 命令进入该模式:

Switch# configure terminal

Enter configuration commands, one per line. End with CNTL/Z.

要返回特权模式,输入 exit 命令或 end 命令,或者键入 Ctrl+Z 组合键。

全局配置模式所能执行的配置命令由设备提供的管理功能决定,要查看全部命令列表,在命令模式提示符下键入查询符号(?):

Switch(config)# ?

(4)接口配置模式

接口配置模式只影响具体的接口,进入接口配置模式的命令必须指明接口的类型。使用 interface type_number 命令进入接口配置模式,命令的提示符形式如下:

Switch(config-if)#

要返回特权模式,输入 end 命令,或键入 Ctrl+Z 组合键;返回全局配置模式,输入 exit 命令。

接口配置模式所能执行的配置命令由设备提供的接口管理功能决定,要查看全部命令列表,在命令模式提示符下键入查询符号(?):

Switch(config-if)# ?

(5)VLAN 配置模式

该模式用来配置具体 VLAN 相关的特性,用 VLAN 的 ID 来区分不同的 VLAN。

在全局配置模式下,使用 vlan vlan_id 命令进入该模式:

Switch(config)# vlan 2000

Switch(config-vlan)#

要返回特权模式,输入 end 命令或键入 Ctrl+Z 组合键;要返回全局配置模式,输入 exit 命令。

VLAN 配置模式所能执行的配置命令由设备提供的 VLAN 管理功能决定,要查看全部命令列表,在命令模式提示符下键入查询符号(?):

Switch(config-vlan)# ?

2.交换机的远程配置

当交换机完成了基本配置,就可以利用交换机的普通端口,通过 IP 地址与交换机进行远程配置通信,不过要注意,只有网管型交换机才具有这种管理功能。另外,如果交换机配置了堆叠,由于它们是一个整体,只有一台具有网管能力,配置好这台也就配置好堆叠型交换机了。

远程配置有 Telnet/SSH 和 Web 浏览器两种方式,下面先介绍常用的 Telnet 方式。

Telnet 是一种远程访问协议,可用来登录到远程计算机、网络设备或专用 TCP/IP 网络。

在使用 Telnet 连接至交换机前,应做好以下准备工作:

• 在用于配置和管理的计算机中安装 TCP/IP 协议,并配置好 IP 地址;

• 被管理的交换机已经配置好管理 IP 地址,否则,必须通过 Console 端口进行设置;

• 在被管理的交换机上建立具有管理权限的用户账户,即配置了 Telnet 登录密码。

Telnet 命令的一般格式为:

telnet [**Hostname** [**port**]]

这里要注意的是"Hostname"包括了交换机的名称,但前提是存在相应的名字解析,因而一般使用为交换机管理所配置的 IP 地址。格式后面的"port"一般不需要输入,它是用来设定 Telnet 通信所用的端口。一般来说,Telnet 通信端口在 TCP/IP 协议中规定为 23 号端口,最好不要更改。

当交换机的 Telnet 登录配置完成后,在计算机上运行 Telnet 客户端程序,即可登录至远程交换机。进入配置界面的步骤为:单击"开始"→"运行"→输入"telnet 172.16.0.1"(交换机 IP),单击"确定"按钮,建立与远程交换机的连接。

图 4-7 所示为计算机通过 Telnet 与 S2126 交换机建立连接时显示的界面,输入正确的密码即可进入该交换机的用户模式。

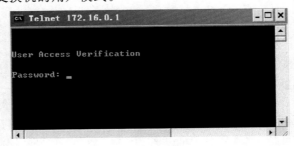

图 4-7　Telnet 连接界面

3.实验环境与说明

(1)实验目的

掌握交换机的本地配置方法和 CLI 的模式操作,配置交换机支持 Telnet,实现远程管理。

(2)实验设备和连接

实验设备和连接如图 4-8 所示,一台锐捷 S2126G/S3550 交换机连接 1 台 PC 机,交换机命名为 Switch。

图 4-8　交换机基础配置实验

(3)实验分组

每四名同学为一组,一人一台交换机(S2126 或 S3550),各自独立完成实验。

4.实验步骤

步骤1　按照图4-8所示连接好设备,由于实验室 RACK 设备的配置是通过 RCMS 实现管理的,因此学生不需要做 Console 连线,只需登录 RCMS 即可。为验证 Telnet 配置,将配线架学生机 2♯网卡和所选择的交换机 F0/1 端口对应接口连接。

步骤2　在交换机上配置 IP 地址。键入下述命令:

```
switch＞enable                           ! 从用户模式进入特权模式
switch ♯ configure terminal              ! 从特权模式进入全局配置模式
switch（config）♯ hostname SwitchA        ! 设置交换机名称为"SwitchA"
SwitchA（config）♯
```

步骤3　配置交换机远程登录密码

```
SwitchA（config）♯ enable secret level 1 0 star    ! 将交换机远程登录密码配置为"star"
```

步骤4　配置交换机特权模式口令

```
SwitchA（config）♯ enable secret level 15 0 star    ! 将交换机特权模式口令配置为"star"
```

步骤5　为交换机分配管理 IP 地址

```
SwitchA（config）♯ interface vlan 1                 ! 进入交换机管理接口配置模式
SwitchA（config-if）♯ ip address 172.16.0.1 255.255.255.0    ! 配置交换机的 IP 地址
SwitchA（config-if）♯ no shutdown                   ! 启用端口
```

说明　为 VLAN 1 的管理接口分配 IP 地址(表示通过 VLAN 1 来管理交换机),设置交换机的 IP 地址为 172.16.0.1,对应的子网掩码为 255.255.255.0。

验证交换机的配置:

```
SwitchA ♯ show ip interface              ! 验证交换机 IP 地址已经配置,管理端口已经开启
Interface：VL1                           ! 接口
Description：Vlan 1                       ! 描述
OperStatus：up                           ! 操作状态已经开启
ManagementStatus：Enable                 ! 管理状态为可能
Primary Internet Address：172.16.0.1/24  ! 主 IP 地址
Broadcast address：255.255.255.255       ! 广播地址
Physaddress：00d0.f8fe.1e48              ! 物理地址
```

步骤6　验证计算机可以经由 Telnet 远程登录到交换机:

将 PC 机的 2♯网卡配置为与交换机相同网段的 IP 地址,例如图4-8所示的 172.16.0.100。在命令行模式下("开始"→"运行"→"CMD")执行如下操作:

```
C:\＞ telnet 172.16.0.1
```

屏幕显示图4-7所示 Telnet 连接界面,输入登录密码 star,进入特权模式,输入特权密码 star,操作界面示意如图4-9所示。

步骤7　在超级终端或 Telnet 方式下,显示交换机 MAC 地址表的记录:

```
SwitchA ♯show mac-address-table
```

Vlan	MAC Address	Type	Interface
1	00e0.4c10.71aa	DYNAMIC	Fa0/1

如果地址表为空,则在 PC 机上建立一命令行窗口,运行命令:c:\＞ping 172.16.0.1,

图 4-9　Telnet 操作界面示意

如果能 ping 通则在交换机上执行 show mac-address-table,可查看到 PC 机的 MAC 地址。请记录你所看到的 MAC 地址,填写表 4-4。

表 4-4　　　　　　　　　　　　　　　**交换机 MAC 地址表记录**

VLAN	MAC Address	Type	Interface

　　思考　对比 PC 机的 MAC 地址,PC 机的 MAC 地址可以在命令行下输入:ipconfig /all 查看。结合你所学到的知识,说明交换机工作的基本原理(学习→过滤→转发)。

　　步骤 8　修改交换机 MAC 地址的老化时间

SwitchA(config)# mac-address-table aging-time 10　! 将交换机 MAC 地址老化时间设置为 10
　　　　　　　　　　　　　　　　　　　　　　　　　　　秒,默认为 300 秒

　　注意

S3550/S3760 设置 aging-time 为 10～1 000 000,S2126/S2150G 为 300～1 000 000

SwitchA(config)# end　　　　　　! 从交换机全局配置模式返回特权模式

SwitchA# show mac-address-table　! 显示交换机 MAC 地址表的记录

　　思考　在 aging-time 时间内和时间外分别执行 show mac-address-table,看到的结果有何不同? aging-time 的功能是什么? 交换机 MAC 地址表为什么要设置 aging-time?

　　步骤 9　保存交换机配置。

交换机的当前配置可以使用 show running-config 查看:

SwitchA# show running-config

验证结果显示:

System software version : 1.61(2)Build Aug 31 2005 Release

Building configuration...

Current configuration : 308 bytes

!

version 1.0

!

hostname SwitchA　　　　　　　　　　　　　　　　　　　! 交换机名称

vlan 1

!

enable secret level 1 5 $2,1u_;C3&-8U0<D4'.tj9=GQ+/7R:>H　! 远程登录密码

enable secret level 15 5 $2H.Y * T73C,tZ[V/4D+S(\W&QG1X)sv'! 特权模式密码

```
!
interface vlan 1
no shutdown                          ! 交换机处于启动状态,缺省状态为关闭 shutdown
ip address 172.16.0.1    255.255.0.0  ! 交换机的 IP 地址
!
end
```

交换机的当前配置在 RAM 当中,交换机启动时载入记录在 FLASH 中的 config. text 配置文件,因此,当交换机配置更改后应当保存配置。保存配置的命令如下:

SwitchA # copy running-config startup-config 或 SwitchA # write memory

执行过程如下:

SwitchA # copy running-config startup-config ! 如果特权密码设置不是 star,请不要保存
Building configuration...
[OK]
SwitchA #

步骤 10　在交换机特权模式下,分别执行下列检测命令:

```
show interface fastEthernet 0/1      ! 该命令查看接口设置和统计信息
show ip interface                    ! 该命令显示三层 IP 接口的各个属性
show running-config                  ! 该命令显示当前的全部配置信息
show mac-address-table               ! 该命令显示设备 MAC 地址表(交换表)
```

仔细阅读这些命令的结果,思考设备所显示的相关信息。

4.1.3　利用 TFTP 服务器备份和恢复交换机配置实验

网管型交换机除了提供基本的设备配置外,根据设备的支持和具体需要往往还要配置 VLAN、STP、堆叠、端口聚合、端口镜像和端口安全等,三层交换机则可能有更多配置。前已述及,锐捷交换机的配置文件 config.text 记录在设备 FLASH 中,如果某台交换机的配置文件由于误操作或意外原因被破坏了,则可能给网络管理造成很大的麻烦。在这种情况下,可以通过 TFTP 服务器中的备份文件进行恢复。

1.TFTP 服务器

简单文件传输协议(TFTP,Trivial File Transfer Protocol)是 TCP/IP 的应用层协议。它是一个很小且易于实现的文件传送协议。虽然 TFTP 也使用客户/服务器方式,但是由于使用 UDP 数据报,因此需要 TFTP 有自己的差错改正措施。与 FTP 相比,TFTP 只支持文件传送而不支持交互,没有列目录的功能,也不能对用户进行身份鉴别。

实验中,使用锐捷提供的 Trivial FTP Server 来实现 TFTP 服务器。执行该软件的主界面如图 4-10 所示。

Trivial FTP Server 几乎不需要配置,启动该软件后,PC 机就成为一台 TFTP 服务器。唯一可以配置的是用户可以单击窗口中的按钮,打开目录对话框,更改服务器主目录,如果不更改,Trivial FTP Server 的执行文件所在路径将成为服务器主目录。任何 TFTP 连接和文件操作都将显示在主窗体的状态界面中。

2.配置文件的复制命令

在交换机 IOS 中,从源文件向目的文件复制,在特权模式下使用 copy 命令。

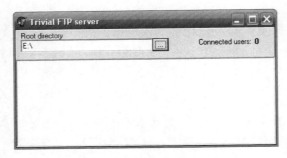

图 4-10　Trivial FTP Server 主界面

copy 命令的格式如下：

copy *source-url destination-url*

其中，source-url 表示需要被复制的源文件的别名或 URL，destination-url 表示需要复制的目的文件的别名或 URL。表 4-5 列举了在锐捷交换机中可以使用的 URL 参数。

表 4-5　　　　　　　　　　　　　　　　URL 参数

关键字	源或目的
running-config	表示正在运行的当前配置
xmodem	表示文件通过 xmodem 方式传输
"tftp"	表示文件通过 tftp 方式传输
"flash"	表示交换机文件系统
startup-config	表示当前正在运行的配置文件,是文件名为 config.text 文件的别名

3.实验环境与说明

（1）实验目的

掌握通过 TFTP 服务器备份和还原交换机配置的方法。

（2）实验设备和连接

实验设备和连接图与 4.1.2 节交换机的基础配置实验相同,参见图 4-8。

（3）实验分组

每四名同学为一组,一人一台交换机（S2126 或 S3550）,各自独立完成实验。

4.实验步骤

步骤 1　在交换机上完成 4.1.2 节交换机的基础配置实验步骤 1～步骤 5,保存配置;配置 PC 机 IP 地址为 172.16.0.100,运行 Trivial FTP Server。

步骤 2　验证交换机与 TFTP 服务器的连通性

SwitchA# ping 172.16.0.100　　　　　　　　　　! 验证交换机与 TFTP 服务器的连通性

Sending 5,100 byte ICMP Echos to 172.16.0.10

Timeout is 2000 milliseconds　　　　　　　　　　! 超时为 2000 ms

!!!!!

Success rate is 100 percent（5/5）

Minimum＝1ms, Maxmum＝2ms, Average＝1ms

步骤 3　备份交换机的配置：

SwitchA# copy startup-config tftp：　　　　　　　! 将交换机的配置备份到 TFTP 服务器

Address of remote host [ ] 172.16.0.100　　　　! 指定 TFTP 服务器的 IP 地址

Destination filename [config-text]?　　　　　　! 提示选择要保存的文件的名称

％Success：Transmission success, file length 302　! 传输成功,文件长 302 字节

验证已经保存的配置文件：

　　在 TFTP 服务器上打开配置文件,系统路径下的 config.text 显示配置文件内容。将其中 enable secret level 15 5 ＄2H.Y＊T73C,tZ[V/4D＋S(\W&QG1X)sv′行删除并保存。

步骤 4　将 TFTP 服务器保存的配置加载到交换机

SwitchA# copy tftp：startup-config　　　　　　! 加载保存的配置到交换机的初始文件中

Source filename [ ]? config.text　　　　　　　　! 提示键入源文件名

Address of remote host [] 172.16.0.100　　　　　! 这是 TFTP 服务器的 IP 地址

％Success：Transmission success, file length 244

验证交换机已经更新为新的配置：

SwitchA# show configure　　! 显示交换机的配置文件,相当于 startup-config

步骤 5　重新启动交换机,使新配置生效

SwitchA# reload　　　　　　　　　　　　　　　! 重新启动交换机

System configuration has been modified.Save? [yes/no]　! 键入"y"执行重启

Proceed with reload? [confirm]　　　　　　　　　! 系统已经更新,存储吗? 选 no 即可

思考　待交换机重启后,进入特权模式,与重启前相比,操作上有何区别?

4.2　虚拟局域网 VLAN

　　本节介绍虚拟局域网 VLAN 的基本配置方法、跨交换机 VLAN 的实现、基于三层交换的 VLAN 连通以及交换机端口聚合的有关配置。其中涉及的有关协议和应用技术在本节中会结合实验要求做出具体说明。

4.2.1　VLAN 实现交换机端口隔离实验

　　交换机可以连接多台计算机,无论在企业网还是在园区网中,都可以将一些计算机按交换机端口划分为不同的 VLAN,划归不同 VLAN 的计算机可以实现相互隔离。

1.虚拟局域网 VLAN 简介

　　虚拟局域网 VLAN 是把局域网内设备通过逻辑方式而不是物理方式划分成一个个网段的技术。可以将 VLAN 理解为是在物理网络上通过设备配置逻辑地划分出来的逻辑网络,相当于 OSI 参考模型的第二层的广播域。由于实现了广播域分隔,VLAN 可以将广播风暴控制在一个 VLAN 内部,划分 VLAN 后,随着广播域的缩小,网络中广播包消耗的带宽所占的比例大大降低,网络性能显著提高。不同 VLAN 间的数据传输是通过第三层(网络层)的路由来实现的,因此使用 VLAN 技术,结合数据链路层和网络层的交换设备可搭建安全可靠的网络。同时,由于 VLAN 是逻辑的而不是物理的,因此在规划

网络时可以避免地理位置的限制。

如上所述,VLAN 具有如下功能:控制网络广播,提高网络性能;分隔网段,确保网络安全;简化网络管理,提高组网灵活性的功能。

目前业界公认的 VLAN 划分方法有如下几种:

- 基于端口的 VLAN(Port-Based)
- 基于协议的 VLAN(Protocol-Based)
- 基于 MAC 层分组的 VLAN(MAC-Layer Grouping)
- 基于网络层分组的 VLAN(Network-Layer Grouping)
- 基于 IP 组播分组的 VLAN(IP Multicast Grouping)
- 基于策略的 VLAN(Policy-Based)

其中,基于端口的 VLAN 是划分虚拟局域网最简单、最有效的方法,它实际上是某些交换机端口的集合,无论交换机端口连接什么设备,网络管理员只需要管理和配置交换机端口。这种划分 VLAN 的方法是根据以太网交换机的端口来划分的,是目前业界定义 VLAN 非常广泛的方法,IEEE 802.1Q 规定了这种划分 VLAN 的国际标准。

2.VLAN 的基本配置命令

基于端口的 VLAN 在实现上包括两个步骤,首先启用 VLAN(用 VLAN ID 标识),而后将交换机端口指定到相应 VLAN 下。配置命名如下:

(1)vlan 命令

语法格式为

vlan *vlan-id*

该命令执行于全局配置模式下,是进入 VLAN 配置模式的导航命令。使用该命令的 no 选项可以删除 VLAN(no vlan vlan-id)。

注意　缺省的 VLAN(VLAN 1)不允许删除。

例如,启用 VLAN 10,执行如下:

Switch(config)♯ vlan 10

Switch(config-vlan)♯

(2)switchport access 命令

语法格式为

switchport access vlan vlan-id

no switchport access vlan

使用该命令将一个端口设置为 statics accessport,并将它指派为一个 VLAN 的成员端口。使用该命令的 no 选项将该端口指派到缺省的 VLAN 中。交换机端口缺省模式为 access,缺省的 VLAN 为 VLAN 1。

如果输入的是一个新的 VLAN ID,则交换机会创建一个 VLAN,并将该端口设置为该 VLAN 的成员。如果输入的是已经存在的 VLAN ID,则增加 VLAN 的成员端口。例如,将交换机 F0/5 端口指定到 VLAN 10 的配置为

Switch(config)♯ interface fastEthernet 0/5

Switch(config-if)♯ switchport access vlan 10

3.实验环境与说明

（1）实验目的

掌握交换机静态 VLAN(基于交换机端口)的配置方法,了解 VLAN 的基本功能。

（2）实验设备和连接

实验设备和连接如图 4-11 所示,一台锐捷 S2126G 交换机连接两台 PC 机。

图 4-11 交换机端口隔离实验

（3）实验分组

每四名同学为一组,其中每两人一小组,每小组独立完成实验。

4.实验步骤

步骤 1　按照如图 4-11 所示连接好设备,将配线架学生机 2#网卡和所选择的交换机 F0/1、F0/2 端口对应接口连接。

步骤 2　首先划分 VLAN,创建 VLAN 10 和 VLAN 20。

S2126G# configure terminal	! 进入交换机全局配置模式
S2126G(config)# vlan 10	! 创建 vlan 10
S2126G(config-vlan)# name test 10	! 将 vlan 10 命名为 test 10
S2126G(config-vlan)# exit	! 返回交换机全局配置模式
S2126G(config)# vlan 20	! 创建 vlan 20
S2126G(config-vlan)# name test 20	! 将 vlan 20 命名为 test 20

步骤 3　将交换机端口划分至 VLAN。

S2126G(config)# interface fastEthernet 0/1	! 进入 F0/1 的接口配置模式
S2126G(config-if)# switch port access vlan 10	! 将 F0/1 端口加入 vlan 10 中
S2126G(config-if)# interface fastEthernet 0/2	! 进入 F0/2 的接口配置模式
S2126G(config-if)# switch port access vlan 20	! 将 F0/2 端口加入 vlan 20 中

步骤 4　VLAN 配置验证。

S2126# show vlan　　　　　　　　　　　! 该命令显示 VLAN 的成员端口等信息

VLAN	Name	Status	Ports
1	default	active	Fa0/3 ,Fa0/4 ,Fa0/5
			Fa0/6 ,Fa0/7 ,Fa0/8
			Fa0/9 ,Fa0/10,Fa0/11
			Fa0/12,Fa0/13,Fa0/14
			Fa0/15,Fa0/16,Fa0/17
			Fa0/18,Fa0/19,Fa0/20
			Fa0/21,Fa0/22,Fa0/23
			Fa0/24
10	test 10	active	Fa0/1
20	test 20	active	Fa0/2

S2126#

显示状态说明 F0/1 已经划归 test 10,F0/2 已经划归 test 20。

步骤 5　测试结果。

将 PC1 和 PC2 的 IP 地址设为 172.16.20.0/24,验证 PC1 和 PC2 能不能相互 ping 通。将目前的配置清空,准备下一个实验,清空命令为

```
delete flash:config.text                              ! 清除配置文件
delete flash:vlan.dat                                 ! 删除 VLAN 配置文件
```

PC1 的 IP 地址设置为＿＿＿＿＿＿＿＿＿＿＿＿＿＿＿＿＿＿＿;

PC2 的 IP 地址设置为＿＿＿＿＿＿＿＿＿＿＿＿＿＿＿＿＿＿＿。

步骤 5 测试结果:PC1 和 PC2 能否相互 ping 通?　　□ 能　　□ 不能

清除交换机配置后重启,PC1 和 PC2 能否相互 ping 通?　　□ 能　　□ 不能

4.2.2　跨交换机的 VLAN 划分实验

1.IEEE 802.1Q 标准

1996 年 3 月,IEEE 802.1 Internet Working 委员会结束了对 VLAN 初期标准的修订工作,统一了帧标记(Frame Tagging)方式中不同厂商的标签格式,制定 IEEE 802.1Q VLAN 标准,进一步完善了 VLAN 的体系结构。

IEEE 802.1Q 定义了 VLAN 的桥接规则,能够正确识别 VLAN 的帧格式,更好地支持多媒体应用。它为以太网提供了更好的服务质量(QoS)保证和安全能力。

如图 4-12 所示,IEEE 802.1Q 使用 4 B 的标记头来定义标记(Tag)。Tag 头中包括 2 B 的 VPID(VLAN Protocol Identifier)和 2 B 的 VCI(VLAN Control Information)。其中,VPID 为 0x8100,标识该数据帧承载 IEEE 802.1Q 的 Tag 信息;VCI 包含的组件有 3 bit 用户优先级、1 bit CFI(Canonical Format Indicator),默认值为 0(表示以太网)和 12 bit 的 VID(VLAN Identifier,VLAN 标识符)。

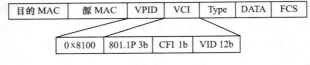

图 4-12　802.1Q 帧格式

IEEE 802.1Q Tag VLAN 用 VID 来划分不同的 VLAN,当数据帧通过交换机时,交换机根据数据帧中 Tag 的 VID 信息来识别它们所在的 VLAN(若帧中无 Tag 头,则应用帧所通过端口的默认 VID 来识别它们所在的 VLAN)。这使得所有属于该 VLAN 的数据帧,不管是单播帧、组播帧还是广播帧,都将被限制在该逻辑 VLAN 中传输。

当使用多台交换机分别配置 VLAN 后,可以使用干道(Trunk)方式实现跨交换机的 VLAN 内部连通,交换机的 Trunk 端口不隶属于某个 VLAN,而是可以承载所有 VLAN 的帧。跨交换机的 VLAN 实现使得网络管理的逻辑结构可以完全不受实际物理连接的限制,极大地提高了组网的灵活性。

互连的交换机能够通过识别数据帧的目的 MAC 地址和 VLAN 信息,将它发送到正确的 VLAN 和端口中。而在互连端口出现拥塞时,交换机都能够通过识别 IEEE 802.1P 协议(IEEE 802.1Q 的补充,定义了优先级的概念)字段的优先级信息,优先转发高优先级

的数据包。

2.Port VLAN 和 Tag VLAN

在 VLAN 配置中,使用 switch port mode 命令来指定一个二层接口(switch port)模式,可以指定该接口为 access port 或者 trunk port。使用该命令的 no 选项将该接口的模式恢复为缺省值(access)。其命令执行在接口模式下,语法格式如下:

    switch port mode〈access ∣ trunk〉
    no switch port mode

如果一个 switch port 的模式是 Access,则该接口只能为一个 VLAN 的成员,可以使用 switch port access vlan 命令指定该接口是哪一个 VLAN 的成员,这种接口又称为 Port VLAN;如果一个 switch port 的模式是 Trunk,则该接口可以是多个 VLAN 的成员,这种配置被称为 Tag VLAN。Trunk 端口默认可以传输本交换机支持的所有 VLAN(1～4 094),但是也可以通过设置接口的许可 VLAN 列表来限制某些 VLAN 的流量不能通过这个 Trunk 端口。在 Trunk 端口修改许可 VLAN 列表的命令如下:

    switch port trunk allowed vlan〈all ∣〔add ∣ remove ∣ except〕*vlan-list*〉

其中,all 的含义是许可 VLAN 列表包含所有的 VLAN;add 表示将指定的 VLAN 加入许可列表;remove 表示将指定的 VLAN 从许可列表中删除;except 表示将除 vlan-list 外的所有 VLAN 加入许可列表。

Trunk 端口能够收发 TAG 或者 UNTAG 的 IEEE 802.1Q 帧,其中 UNTAG 帧是用来传输 Native VLAN 的流量。默认的 Native VLAN 是 VLAN 1,如果一个帧带有 Native VLAN 的 VLAN ID,在通过这个 Trunk 端口转发时,会自动被剥去 TAG。配置 Native VLAN 在 Trunk 端口接口配置模式下,执行 switchport trunk native vlan*vlan-id*。

3.实验环境与说明

(1)实验目的

掌握跨交换机的 VLAN 配置方法,了解 IEEE 802.1Q 的基本原理,理解 Port VLAN 和 Tag VLAN 的使用。

(2)实验设备和连接

实验设备和连接如图 4-13 所示,一台锐捷 S2126G 交换机连接一台 S3550 交换机,每台交换机各连接两台 PC 机。假设某企业的网络中,计算机 PC1 和 PC3 属于营销部门,PC2 和 PC4 属于技术部门,PC1 和 PC2 连接在 S3550 上,PC3 和 PC4 连接在 S2126G 上,而两个部门要求互相隔离,本实验的目的是实现跨两台交换机将不同端口划归不同的 VLAN。

(3)实验分组

每四名同学为一组,其中每两人为一组,每小组独立完成实验。

4.实验步骤

步骤 1　按照网络拓扑在 RACK 机架中选择一台 S3550 和一台 S2126G,完成接线。例如,选择实验台 1～4♯PC 机,5♯交换机(S3550),7♯交换机(S2126G)。可参考连接为:S5F1—S7F1、N1—S5F3、N2—S5F4、N3—F7F3、N4—F7F4。

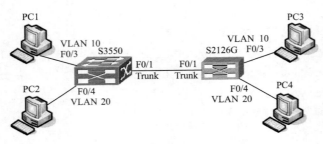

图 4-13 跨交换机划分 VLAN 实验

步骤 2 配置 S3550。

(1)设备标识

Switch# configure terminal

Switch(config)# hostname S3550

(2)在 S3550 上创建 VLAN 10、VLAN 20

S3550(config)# vlan 10	! 创建 VLAN 10
S3550(config-vlan)# name sales	! 将 vlan 10 命名为营销 sales
S3550(config-vlan)# exit	
S3550(config)# vlan 20	! 创建 VLAN 20
S3550(config-vlan)# name technical	! 将 VLAN 20 命名为技术 technical
S3550(config-vlan)# end	
S3550# show vlan	! 验证配置

VLAN	Name	Status	Ports
1	default	active	Fa0/1 ,Fa0/2 ,Fa0/3 ,Fa0/4
			Fa0/5 ,Fa0/6 ,Fa0/7 ,Fa0/8
			Fa0/9 ,Fa0/10,Fa0/11,Fa0/12
			Fa0/13,Fa0/14,Fa0/15,Fa0/16
			Fa0/17,Fa0/18,Fa0/19,Fa0/20
			Fa0/21,Fa0/22,Fa0/23,Fa0/24
10	sales	active	
20	technical	active	

可以看出,在 S3550 上 VLAN 10 和 VLAN 20 已经启用,但还没有指定端口。

(3)在 S3550 上把 F0/3 划归 VLAN 10、F0/4 划归 VLAN 20

S3550# configure terminal	
S3550(config)# interface fastEthernet 0/3	! 进入 F0/3 接口配置模式
S3550(config-if)# switchport access vlan 10	! 将 F0/3 划归 VLAN 10
S3550(config-if)# end	

使用 show vlan 命令验证 VLAN 10 的配置,执行如下:

S3550# show vlan id 10	! 验证配置

VLAN	Name	Status	Ports
10	sales	active	Fa0/3

可以看出 S3550 的接口 F0/3 已经被划归 VLAN 10。

```
S3550# configure terminal
S3550(config)# interface fastEthernet 0/4          ! 进入 F0/4 接口配置模式
S3550(config-if)# switchport access vlan 20        ! 将 F0/4 划归 VLAN 20
S3550(config-if)# end
```

使用 show vlan 命令验证 VLAN 20 的配置,执行如下:

```
S3550# show vlan id 20                             ! 验证配置
```

VLAN	Name	Status	Ports
20	technical	active	Fa0/4

可以看出 S3550 的接口 F0/4 已经被划归 VLAN 20。

步骤 3 S2126G 的配置方法与步骤 2 完全相同,这里不再列出。注意应当完成以下任务:将设备名改为 S2126G,创建 VLAN 10 和 VLAN 20,分别将 F0/3 和 F0/4 接口划分至 VLAN 10 和 VLAN 20。

步骤 4 配置 S3550 和 S2126G 之间的 Trunk 连接。

以 S3550 为例,需要配置 F0/1 为 TAG 端口,配置命令如下:

```
S3550(config)# interface fastEthernet 0/1          ! 进入 F0/1 接口配置模式
S3550(config-if)# switchport mode trunk            ! 将 F0/1 设置为 Trunk 模式
```

验证 F0/1 已经设置为 TAG VLAN 模式的方法如下:

Interface	Switchport	Mode	Access	Native	Protected	VLAN lists
Fa0/1	Enable	Trunk	1	1	Disabled	All

注意 S2126G 上也需要同样配置:

```
S2126(config)# interface fastEthernet 0/1          ! 进入 F0/1 接口配置模式
S2126(config-if)# switchport mode trunk            ! 将 F0/1 设置为 Trunk 模式
```

步骤 5 配置计算机。

将 PC1 和 PC3 指定为 172.16.10.0/24 网段 IP,PC2 和 PC4 指定为 172.16.20.0/24 网段 IP。例如,PC1:172.16.10.10,PC2:172.16.20.20,PC3:172.16.10.30,PC4:172.16.20.40。

验证 PC1 与 PC3 能互相通信,但 PC2 与 PC3 不能互相通信。

```
C:\>ping 172.16.10.30          ! 在 PC1 的命令行方式下验证能 ping 通 PC3
Pinging 172.16.10.30 with 32 bytes of data:
Reply from 172.16.10.30: bytes=32 time<10ms TTL=128
Reply from 172.16.10.30: bytes=32 time<10ms TTL=128
Reply from 172.16.10.30: bytes=32 time<10ms TTL=128
Reply from 172.16.10.30: bytes=32 time<10ms TTL=128
Ping statistics for 172.16.10.30:
    Packets: Sent = 4, Received = 4, Lost = 0 (0% loss),
Approximate round trip times in milli-seconds:
    Minimum = 0ms, Maximum = 0ms, Average = 0ms
```

C:\>ping 172.16.10.30   ! 在 PC2 的命令行方式下验证不能 ping 通 PC3

Pinging 172.16.10.30 with 32 bytes of data:

Request timed out.

Request timed out.

Request timed out.

Request timed out.

Ping statistics for 172.16.10.30:

   Packets：Sent ＝ 4，Received ＝ 0，Lost ＝ 4（100％ loss），

Approximate round trip times in milli-seconds:

   Minimum ＝ 0ms，Maximum ＝ 0ms，Average ＝ 0ms

如果将 PC1、PC2、PC3 和 PC4 的 IP 地址设置在同一网段,例如,PC1:172.16.10.10,
PC2:172.16.10.20,PC3:172.16.10.30,PC4:172.16.10.40。判断它们之间能否 ping 通,验
证一下,将结果填入表 4-6。

表 4-6   **VLAN 实验验证结果**

验证机	所在 VLAN	验证机	所在 VLAN	能否连通
PC1		PC2		□ 能　　□ 不能
PC1		PC3		□ 能　　□ 不能
PC1		PC4		□ 能　　□ 不能
PC2		PC3		□ 能　　□ 不能
PC2		PC4		□ 能　　□ 不能
PC3		PC4		□ 能　　□ 不能

4.2.3　三层交换机实现 VLAN 间通信及链路聚合应用实验

1.三层交换机简介

在一般的二层交换机组成的网络中,VLAN 实现了网络流量的分隔,不同 VLAN 间
是不能相互通信的。VLAN 间的通信必须借助路由来实现。一种方法是利用路由器,另
一种则是借助具有三层功能的交换机。

三层交换机从本质上讲就是带有路由功能(三层)的交换机。第三层交换机就是将第
二层交换机和第三层路由器两者的优势有机而智能化地结合起来,可在各个层次提供线
速功能。这种集成化的结构还引进了策略管理属性,不仅使第二层和第三层关联起来,而
且还提供了流量优化处理、安全访问机制以及其他多种功能。

在一台三层交换机内,分别设置了交换模块和路由模块,内置的路由模块与交换模块
类似,也使用了 ASIC 硬件处理路由。因此,与传统的路由器相比,可以实现高速路由。
而且路由与交换模块是汇聚连接的,由于是内部连接,可以确保相当大的带宽。可以利用
三层交换机的路由功能来实现 VLAN 间的通信。

下面使用一个简单的网络来概括三层交换机的工作过程:

使用 IP 的设备 A 通过三层交换机和设备 B 相连。假如 A 要向 B 发送数据,已知目
的 IP,那么 A 可以通过子网掩码取得网络地址,判断目的 IP 与自己是否在同一网段。

如果目的 IP 地址在同一网段,但不知道转发数据所需要的 MAC 地址,A 就发送一个 ARP 请求广播,B 返回其 MAC 地址,A 用此 MAC 封装数据帧并发送给交换机,交换机启用二层交换模块,查找 MAC 地址表,将数据帧转发到相应的端口。

　　如果目的 IP 地址不在同一网段,那么 A 要实现和 B 的通信,在流缓存条目表中没有对应 MAC 地址条目,就将第一个正常数据包向缺省网关(在操作系统 TCP/IP 配置中已经设置,对应于第三层路由设备)发送,由此可以看出对于不是同一子网的数据,首先在 MAC 表中放的是缺省网关的 MAC 地址,然后就由三层模块接收此数据包,查询路由表以确定到达 B 的路由,同时将构造一个新的帧头,其中以缺省网关的 MAC 地址为源 MAC 地址,以 B 的 MAC 地址为目的 MAC 地址。通过一定的识别触发机制,确立 A 和 B 的 MAC 地址及转发端口的对应关系,并记录于流缓存条目表,以后的 A 到 B 的数据,就直接交由二层交换模块完成。

　　以上过程就是通常所说的一次路由多次转发。三层交换机不是简单的二层交换机和路由器的叠加,而是通过硬件结合,实现数据的高速转发,特别适合于内网数据流量大、要求快速转发的园区网使用。

2.链路聚合技术

　　对于局域网交换机之间以及从交换机到高需求服务的许多网络连接来说,100 MB 甚至1 GB 的带宽是不够的。链路聚合技术(也称端口聚合)帮助用户减少了这种压力。

　　制定于 1999 年的 IEEE 802.3ad 链路聚合控制协议(LACP, Link Aggregation Control Protocol),定义了如何将两个以上的以太网链路组合起来,为高带宽网络连接实现负载共享、负载平衡提供更好的弹性。

　　端口聚合将交换机上的多个端口在物理上连接起来,在逻辑上捆绑在一起,形成一个拥有较大宽带的端口,形成一条干路,可以实现均衡负载,并提供冗余链路。Aggregate Port(以下简称 AP)符合 IEEE 802.3ad 标准,可以把多个端口的带宽叠加起来使用,比如全双工快速以太网端口形成的 AP 最大可以达到 800 MB,或者千兆以太网接口形成的 AP 最大可以达到 8 GB。

　　如图 4-14 所示,端口聚合可以帮助用户减少来自主干网络带宽的压力,同时,链路聚合标准在点到点链路上提供了固有的、自动的冗余性,保证了网络的可靠性。

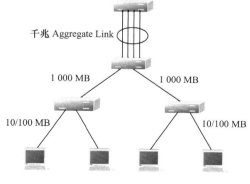

图 4-14　端口聚合

AP 根据报文的 MAC 地址或 IP 地址进行流量平衡,即把流量平均分配到 AP 的成员链路中去。流量平衡的实现可以根据源 MAC 地址、目的 MAC 地址或源 IP 地址/目的 IP 地址对。本节实验中,使用二层 AP。配置二层 AP 的基本命令如下:

Switch # configure terminal
Switch(config) # interface *interface-id*
Switch(config-if-range) # port-group *port-group-number*

说明　上述操作是将该接口加入一个 AP(如果这个 AP 不存在,则同时创建这个 AP)。

实验室的锐捷交换机最大支持 8 个端口聚合,在配置以太网链路聚合时应当注意:

- 组端口的速度必须一致
- 组端口必须属于同一个 VLAN
- 组端口使用的传输介质相同
- 组端口必须属于同一层次,并且与 AP 也要在同一层次。

3.实验环境与说明

(1)实验目的

掌握交换机链路聚合的配置方法,通过三层交换机 SVI 实现不同 VLAN 间的连通。

(2)实验设备和连接

实验设备和连接如图 4-15 所示,可以看出本节实验的设备连接只是在实验连接的基础上增加了一条链路,即 S3550 和 S2126G 之间的链路由 1 条(F0/1—F0/1)增加为 2 条(F0/1—F0/1、F0/2—F0/2)。

注意　为防止实验过程中由于桥接环路所导致的广播风暴影响设备配置(交换机不断显示相关提示信息),可以在完成实验步骤 3 之后,再连接交换机的冗余链路。

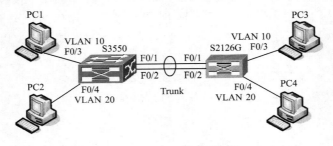

图 4-15　三层交换机实现 VLAN 间通信及链路聚合应用实验

(3)实验分组

每四名同学为一组,其中每两人一小组,每小组独立完成实验。

4.实验步骤

步骤 1　按照网络拓扑在 RACK 机柜中选择一台 S3550 和一台 S2126G,完成接线。

步骤 2　按照 4.2.2 节实验步骤 2 和步骤 3 配置 S3550 和 S2126G。注意应当完成以下任务:将设备名改为 S3550 和 S2126G,分别创建 VLAN 10 和 VLAN 20,分别将 F0/3 和 F0/4 接口划分至 VLAN 10 和 VLAN 20。

步骤 3　在 S3550 和 S2126G 上配置冗余链路聚合,以 S3550 为例,配置如下:

```
S3550♯ configure terminal
S3550(config)♯ interface range fastEthernet 0/1-2    ！使用该命令同时配置多个接口
S3550(config-if-range)♯ port-group 1                ！配置 F0/1 和 F0/2 归属于 AG1
S3550(config-if-range)♯ exit
```

说明　用户可以使用 interface range 命令,同时配置多个接口,配置的方法和配置单个接口完全相同。当进入 interface range 配置模式时,所能设置的属性应用于所选范围内的所有接口。

该命令的语法格式为

interface range *port-range*

其中,port-range 指定若干接口范围段,每个接口范围段包括一定范围的接口,接口范围段之间使用逗号(,)隔开。例如,interface range fastEthernet 0/1-5,0/7,1/1-2 选择了 3个范围段共计 8 个接口。

注意

S2126G 上也要做相应配置。验证聚合端口配置可以使用 show aggregateport 命令,执行如下:

```
S3550♯ show aggregateport 1 summary          ！显示聚合端口 AG1 摘要信息
Aggregateport MaxPort  Switchport  Mode      Ports
   AG1           8      Enabled     Trunk    Fa0/1, Fa0/2
```

步骤 4　在 S3550 和 S2126G 上配置聚合端口为干道(Trunk)方式,S3550 的配置如下:

```
S3550(config)♯ interface aggregateport 1    ！进入 AG1 接口模式
S3550(config-if)♯ switchport mode trunk     ！将端口设为 TAG VLAN 模式
S3550(config-if)♯ end
```

S2126G 的配置如下:

```
S2126(config)♯ interface aggregateport 1    ！进入 AG1 接口模式
S2126(config-if)♯ switchport mode trunk     ！将端口设为 TAG VLAN 模式
```

这样就完成了将聚合端口配置为 TAG VLAN 的操作,为确定配置可以使用 show vlan 或 show interfaces 命令验证。

```
S3550♯ show vlan                             ！查看 vlan 状态
```

	VLANName	Status	Ports
1	default	active	Fa0/1 ,Fa0/2 ,Fa0/5 ,Fa0/6
			Fa0/7 ,Fa0/8,Fa0/9,Fa0/10
			Fa0/11,Fa0/12,Fa0/13,Fa0/14
			Fa0/15,Fa0/16,Fa0/17,Fa0/18
			Fa0/19,Fa0/20,Fa0/21,Fa0/22
			Fa0/23,Fa0/24
			Ag1
10	VLAN0002	active	Fa0/3
			Ag1

| 20 | VLAN0003 | active | Fa0/4 |
| | | | Ag1 |

S3550# show interfaces aggregateport 1 switchport　　! 查看 AP1 接口状态

Interface	Switchport	Mode	Access	Native	Protected	VLAN lists
Ag1	Enabled	Trunk	1	1	Disabled	All

步骤 5　配置 L3 交换机虚拟端口 SVI,默认情况下 L3 交换机并不能实现 VLAN 间的连通,可以通过配置 SVI 启动三层功能来实现 VLAN 间的连通,具体配置如下:

```
S3550# configure terminal
S3550(config)# interface vlan 10    ! 创建虚拟接口 VLAN 10
S3550(config-if)# ip address 172.16.10.254 255.255.255.0
                                ! 配置虚拟接口 VLAN 10 的地址为 172.16.10.254
S3550(config-if)# no shutdown    ! 启用端口
S3550(config-if)# exit
S3550(config)# interface vlan 20    ! 创建虚拟接口 VLAN 20
S3550(config-if)# ip address 172.16.20.254 255.255.255.0
                                ! 配置虚拟接口 VLAN 20 的地址为 172.16.20.254
S3550(config-if)# no shutdown    ! 启用端口
S3550(config-if)# end
S3550#
```

验证配置可以使用 show ip interface 命令,执行如下:

```
S3550# show ip interface
Interface                 : VL10
Description               : Vlan 10
OperStatus                : up
ManagementStatus          : Enabled
Primary Internet address  : 172.16.10.254/24
Broadcast address         : 255.255.255.255
PhysAddress               : 00d0.f8b8.32a9

Interface                 : VL20
Description               : Vlan 20
OperStatus                : up
ManagementStatus          : Enabled
Primary Internet address  : 172.16.20.254/24
Broadcast address         : 255.255.255.255
PhysAddress               : 00d0.f8b8.32aa
```

L3 交换机启动路由功能的操作如下:

```
S3550(config)# ip routing        ! 启动路由功能
```

说明　三层交换机启动路由功能后,可以进一步配置静态路由或动态路由选择协议,可与路由器结合解决网际互联。

```
S3550# show ip route              ! 查看路由表
Type:C-connected，S-static，R-RIP，O-OSPF，IA-OSPF inter area
      N1-OSPF NSSA external type 1，N2-OSPF NSSA external type 2
      E1-OSPF external type 1，E2-OSPF external type 2
TypeDestination IP    Next hop    Interface    Distance    Metric    Status

C    172.16.10.0/24    0.0.0.0     VL10         0           0         active
C    172.16.20.0/24    0.0.0.0     VL20         0           0         active
S3550#
```

步骤 6 配置计算机。按照表 4-7 为 PC 机配置 TCP/IP 属性：

表 4-7 实验 PC 的 IP 设置

计算机	IP 地址	子网掩码	网关
PC1	172.16.10.10	255.255.255.0	172.16.10.254
PC2	172.16.20.20	255.255.255.0	172.16.20.254
PC3	172.16.10.30	255.255.255.0	172.16.10.254
PC4	172.16.20.40	255.255.255.0	172.16.20.254

配置完成后，执行以下验证操作：

(1)验证不同 VLAN 内的主机可以互相 ping 通。

(2)在 PC1 上执行 ping 172.16.10.30 -t,在执行过程中断开交换机之间的一条链路,接上该链路后再断开另一条链路,会发现 PC1 与 PC3 仍然能够通信。理解 Aggregate Port 的作用。

说明 在命令 ping 172.16.10.30 -t 中,-t 的含义是在探测指定的计算机时,让用户主机不断向目标主机发送数据,也就是连续发送与接收回送请求和应答 ICMP 报文,直到手动停止,Ctrl+C 停止 ping 命令。

4.3 生成树协议 STP

在局域网中,为了提高网络连接可靠性,经常提供冗余链路。所谓冗余链路就像公路、铁路一样,这条不通走另一条。例如,在大型企业网中,多半在核心层配置备份交换机(网桥),与汇聚层交换机形成环路,这样做使得企业网具备了冗余链路的安全优势。但原来的交换机并不知道如何处理环路,而是将转发的数据帧在环路里循环转发,使得网络中出现广播风暴,最终导致网络瘫痪。

为了解决冗余链路引起的问题,IEEE 802 通过了 IEEE 802.1d 协议,即生成树协议(STP,Spanning Tree Protocol)。IEEE 802.1d 协议通过在交换机上运行一套复杂的算法,使冗余端口置于"阻塞状态",从而使网络中的计算机通信时只有一条链路生效,而当这个链路出现故障时,STP 将会重新计算出网络的最优链路,将"阻塞状态"的端口重新打开,从而确保网络连接的稳定可靠。

生成树协议和其他协议一样,是随着网络的不断发展而不断更新换代的。在生成树协议发展的过程中,老的缺陷不断被克服,新的特性不断被开发。按照功能特点的改进情况,习惯上将生成树协议的发展过程分为三代:

第一代生成树协议:STP/RSTP;

第二代生成树协议:PVST/PVST+;

第三代生成树协议:MISTP/MSTP。

本节将介绍第一代生成树协议 STP 和 RSTP。

4.3.1 生成树协议 STP 的应用实验

1.IEEE 801.1d 生成树协议简介

生成树协议最初是由美国数字设备公司(DEC)开发的,后经 IEEE 修改并最终制定了 IEEE 802.1d 标准。

STP 协议的主要思想是当网络中存在备份链路时,只允许主链路激活,如果主链路失效,备份链路才会被打开。自然界中生长的树是不会出现环路的,如果网络也能够像树一样生长就不会出现环路。STP 协议的本质就是利用图论中的生成树算法,对网络的物理结构不加改变,而在逻辑上切断环路,封闭某个网桥,提取连通图,形成一个生成树,以解决环路所造成的严重后果。

为了理解生成树协议,先了解以下概念:

(1)桥协议数据单元(BPDU,Bridge Protocol Data Unit):交换机通过交换 BPDU 来获得建立最佳树型拓扑结构所需的信息。生成树协议运行时,交换机使用共同的组播地址"01-80-C2-00-00-00"来发送 BPDU。

(2)每个交换机有唯一的桥标识符(Bridge ID),由桥优先级和 MAC 地址组成。

(3)每个交换机的端口有唯一的端口标识符(Port ID),由端口优先级和端口号组成。

(4)对生成树配置时,每个交换机配置一个相对的优先级,每个交换机的每个端口也配置一个相对的优先级,该值越小优先级越高。

(5)具有最高优先级的交换机被称为根桥(Root Bridge),如果所有设备都具有相同的优先级,则具有最低 MAC 地址的设备将成为根桥。

(6)网络中每个交换机端口都有一个根路径开销(Root Path Cost),根路径开销是某交换机到根桥所经过的路径开销(与链路带宽有关)的总和。

(7)根端口是各个交换机通往根桥的根路径开销最低的端口,若多个端口具有相同的根路径开销,则端口标识符小的端口为根端口。

(8)在每个 LAN 中都有一个交换机称为指定交换机(Designated Bridge),它是该 LAN 中与根桥连接而且根路径开销最低的交换机。

(9)指定交换机和 LAN 连接的端口被称为指定端口(Designated Port)。如果指定桥中有两个以上的端口连在这个 LAN 上,则具有最高优先级的端口被选为指定端口。根桥上的端口都可以成为指定端口,交换机上除根端口之外的端口都可以成为指定端口。

(10)根端口和指定端口进入转发(Forwarding)状态,其他的冗余端口则处于阻塞(Discarding)状态。

2.STP 配置的有关命令

(1)开启、关闭 STP 协议

锐捷交换机默认状态是关闭 STP 协议。开启 STP 的命令为

Switch (config)# spanning-tree

如果要关闭 STP 协议,可以执行 no spanning-tree 全局配置命令。

(2)配置交换机优先级

设置交换机的优先级关系看到底哪个交换机为整个网络的根交换机,同时也关系到整个网络的拓扑结构。建议管理员把核心交换机的优先级设置得高一些(数值小),这样有利于整个网络的稳定。

交换机优先级的默认值为 32768,设置值 16 个,都为 4096 的倍数,包括 0、4096、8192、12288、16384、20480、24576、28672、32768、36864、40960、45056、49152、53248、57344、61440。配置交换机优先级使用如下命令:

Switch (config)# spanning-tree priority <0-61440>

如果要恢复默认值,执行 no spanning-tree priority 全局配置命令。

(3)配置端口优先级

和交换机优先级一样,端口优先级的设置值也是 16 个,都为 16 的倍数,分别为 0、16、32、48、64、80、96、112、128、144、160、176、192、208、224 和 240,默认值为 128。配置交换机端口优先级使用如下命令:

Switch (config-if)# spanning-tree port-priority <0-240>

如果要恢复默认值,执行 no spanning-tree port-priority 接口配置命令。

(4)配置 BPDU 的时间选项

命令格式如下,使用 no 选项恢复默认设置:

spanning-tree {forward-time*seconds* | hello-time*seconds* | max-age*seconds* }

no spanning-tree [forward-time | hello-time | max-age]

语法描述可参见表 4-8,注意 forward-time、hello-time 和 max-age 三个值的范围是相关的,修改了其中一个会影响到其他两个值的范围。这三个值之间有一个制约关系:

$$2\times(\text{hello-time}+1.0)\leqslant\text{max-age}\leqslant2\times(\text{forward-time}-1.0)$$

不符合这个条件的值不会设置成功。本节实验不要求更改 BPDU 的时间选项。

表 4-8 BPDU 的时间选项

forward-time*seconds*	端口状态改变的时间间隔,默认 15 秒,取值 4~30
hello-time*seconds*	交换机定时发送 BPDU 报文的时间间隔,默认 2 秒,取值 1~10
max-age*seconds*	BPDU 报文消息生存的最长时间,默认 20 秒,取值 6~40

(5)STP 信息显示和检测命令

本节实验中使用以下两个命令显示 STP 信息:

show spanning-tree　　　　　!显示交换机生成树状态

show spanning-tree interface　　!显示交换机接口 STP 状态

3.实验环境与说明

(1)实验目的

掌握交换机 STP 的配置方法,理解 STP 协议的原理及其在冗余链路中的工作过程。

(2)实验设备和连接

实验设备和连接如图 4-16 所示,选择两台 S2126G(或 S3550)交换机分别连接 1 台 PC 机,交换机间建立双链路连接。

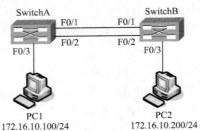

图 4-16　生成树 STP 的应用实验

(3)实验分组

每四名同学为一组,其中每两人一小组,每小组独立完成实验。

4.实验步骤

步骤 1　按照网络连接图完成设备连接,为防止实验过程中由于冗余链路可能导致的广播风暴影响,可以在完成设备 STP 配置后连接交换机的冗余链路。

步骤 2　在每台交换机上启动生成树协议,例如,在 SwitchA 上进行配置:

SwitchA # configure terminal

SwitchA(config) # spanning-tree　　　　　! 开启生成树协议

SwitchA(config) # spanning-tree mode stp　! 设置生成树为 STP(802.1d)

SwitchA(config) # end

实验室所采用的锐捷交换机在启动生成树协议后,默认使用 MSTP,因此需要改变模式为 STP。完成 SwitchA 的配置后,在 SwitchB 上也进行相同设置。

步骤 3　配置 SwitchA 为根交换机。

当使用默认配置时,SwitchA 和 SwitchB 的交换机优先级为 32768,两者中 MAC 地址小的将成为根交换机。可以通过更改交换机优先级来指定其中的一台为根交换机。

SwitchA (config) # spanning-tree priority 4096　　! 设置 SwitchA 的优先级为 4096

完成配置后可以使用 show spanning-tree 和 show spanning-tree interface 验证,请参考下面的例子按照要求执行操作并回答问题:

SwitchA # show spanning-tree　　　　　! 显示交换机的生成树模式及相关状态

stpVersion:STP　　　　　　　　　　! STP 的版本为 STP

SysStpStatus:Enabled　　　　　　　! STP 系统状态为启动(打开)

BaseNumPort:24　　　　　　　　　! 基本端口数为 24

Maxage:20　　　　　　　　　　　! BPDU 生存的最长时间

HelloTime:2　　　　　　　　　　　! BPDU 报文的时间间隔

ForwardDelay:15　　　　　　　　　! 端口状态改变的时间间隔

BridgeMaxAge:20

BridgeHelloTime：2

BridgeForwardDelay：15

MaxHops：20　　　　　　　　! 最大中继跳数

TxHoldCount：3

PathCostMethod：Long　　　　! 路径开销方式

BPDUGuaed：Disabled　　　　　! BPDU 保护未启动

BPDUFilter：Disabled　　　　　! BPDU 过滤未启动

BridgeAddr：00d0.f8c0.2225　　! 桥 MAC 地址

Priority：4096　　　　　　　! 优先级为 4096

TimeSinceTopologyChange：0d：0h：3m：9s ! 拓扑改变的时间

TopologyChanges：19

DesignateRoot：100000D0F8C02225　! 指定根

RootCost：0　　　　　　　! 根开销

RootPort：0　　　　　　　! 根端口

（1）比较根交换机上 DesignateRoot 与 BridgeAddr、Priority，说明它们之间的关系。

SwitchB# show spanning-tree interface fastEthernet 0/1　　! 显示 Fa0/1 接口 STP 状态

PortAdiminPortfast：Disabled

PortOperPortfast：Disabled

PortAdiminLinkType：auto

PortOperLinkType：point-to-point

PortBPDUGuaed：Disabled

PortBPDUFilter：Disabled

PortState：forwarding　　　　　! Fa0/1 接口状态为转发

PortPriority：128　　　　　　! 端口优先级为 128

PortDesignateRoot：100000D0F8C02225　! 端口指定根

PortDesignatedCost：0

PortDesignatedBridge：100000D0F8C02225

PortDesignatedPort：8001　　　　! 指定端口为 8001

PortForwardingTransitions：2

PortAdiminPathCost：0

PortOperPathCost：200000

PortRole：rootPort　　　　　　! 端口角色为根端口

（2）在 SwitchA 和 SwitchB 上分别执行 show spanning-tree，分析显示结果，填写表 4-9。

表 4-9　　　　　　　　　　SwitchA 和 SwitchB 的 STP 对比

参数	SwitchA	SwitchB
Priority		
BridgeAddr		
BridgeID		
DesignateRoot		

（3）在 SwitchA 和 SwitchB 上分别执行 show spanning-tree interface 命令检查 Fa0/1 和 F0/2 接口，分析显示结果，填写表 4-10。

表 4-10   **SwitchA 和 SwitchB 的接口 STP 对比**

设备	SwitchA		SwitchB	
接口	F0/1	F0/2	F0/1	F0/2
PortRole				
PortState				

步骤 4 配置 PC1 和 PC2 的 IP 地址，验证网络拓扑发生变化时，ping 的丢失包的情况

用 ping 命令从 PC1 连续探测 PC2，命令如下：

C：\ping 172.16.10.200 － t   ! 连续探测 PC2，显示结果如下

Reply from 172.16.10. 200 bytes＝32 times＜10ms TTL＝64

Reply from 172.16.10. 200 bytes＝32 times＜10ms TTL＝64

Reply from 172.16.10. 200 bytes＝32 times＜10ms TTL＝64

Reply from 172.16.10. 200 bytes＝32 times＜10ms TTL＝64

Reply from 172.16.10. 200 bytes＝32 times＜10ms TTL＝64

……

可以正常 ping 通。

然后，断开交换机的 F0/1 与 F0/1 连接，观察 ping 的执行情况，发现会丢失若干个包，显示 Request timed out，一段时间后，系统自动恢复连通。

思考 理解 STP 的工作原理并回答如下问题：

（1）实验中，在拓扑改变过程中，出现了多少个丢包？以 ping 命令默认 2 秒超时计算，实验中交换机 F0/2 端口由 discarding（阻塞）状态转为 forwarding（转发）状态，存在多长时间的延迟？

（2）用 show spanning-tree interface 查看交换机 F0/2 端口，有什么变化？

4.3.2 快速生成树协议 RSTP 的应用实验

1.IEEE 801.1w 快速生成树协议

在介绍 RSTP 之前，首先说明一下在 STP 中存在的问题，这主要表现在收敛时间上。STP 协议解决了交换链路冗余问题，在拓扑发生改变时，新的 BPDU 要经过一定的延时才能传播到整个网络，这个时延称为 Forward Delay，协议默认为 15 秒。在所有交换机收到这个变化的消息之前，若旧拓扑结构中处于转发状态的端口还没有发现自己应当在新的拓扑中停止转发，则可能存在临时环路。为此，生成树使用了一种定时器策略，即在端口由阻塞状态到转发状态中间加上一个只学习 MAC 地址但不参与转发的中间状态，两次状态切换的时间都是 Forward Delay，这样就可以保证拓扑变化时不会产生临时环路。但是这个看似良好的解决方案却导致了至少两倍 Forward Delay 的收敛时间，造成了 STP 协议的最大缺陷。

如图 4-17 所示，在默认状态下，BPDU 的报文周期为 2 秒，最大保留时间为 20 秒，端口状态改变（由侦听到学习，由学习到转发）的时间为 15 秒。网络拓扑改变后，STP 要经过

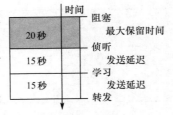

图 4-17   生成树性能的三个计时器

一定的时间(默认为 50 秒)才能够稳定,网络稳定是指所有端口或者进入转发状态或者进入阻塞状态。50 秒的延迟对于早期网络或许不算什么,那时人们对网络的依赖性不强,但现在就不同了,早期的 STP 协议已经不能适应网络的发展需要。于是,作为 IEEE 802.1d 标准的补充,IEEE 802.1w 协议问世了。

IEEE 802.1w 在 IEEE 802.1d 的基础上作了三点重要改进,使得收敛速度快得多(最快 1 秒以内),因此 IEEE 802.1w 又称为快速生成树协议(RSTP,Rapid Spanning Tree Protocol)。RSTP 的主要改进为:

(1)为根端口和指定端口设置了快速切换用的替换端口(Alternate Port)和备份端口(Backup Port),当根端口/指定端口失效时,替换端口/备份端口就会无时延地进入转发状态,而无须等待两倍 Forward Delay 的时间。

(2)在只连接了两个交换端口的点对点链路中,指定端口只需与下游交换机进行一次握手就可以无时延地进入转发状态;如果是连接了三台以上交换机的共享链路,则需要等待两倍 Forward Delay 的时间。

(3)直接与终端计算机相连而不是连接其他交换机的端口,可以被配置为边缘端口(Edge Port),边缘端口可以直接进入转发状态而不需要任何时延。

2.RSTP 配置的有关命令

(1)开启 RSTP 协议

锐捷交换机默认状态是关闭 STP 协议,开启 STP 后的默认模式是 MSTP。本次实验中开启 RSTP 的配置为

Switch(config)# spanning-tree

Switch(config)# spanning-tree mode rstp

(2)配置路径开销

路径开销是以时间为单位的,在交换机生成树计算中,当根交换机确定后,其他交换机将各自选择"最粗壮"的链路(路径开销总和最低)作为到根交换机的路径。表 4-11 列出了设备默认的路径开销。

表 4-11　　　　　　　　　　　　　　路径开销

带 宽	IEEE 802.1d	IEEE 802.1w
10 Mbps	100	2 000 000
100 Mbps	19	200 000
1 000 Mbps	4	20 000

当端口路径开销为默认值时,交换机会根据端口速率计算出该端口的 Path Cost。从表 4-11 中可以看出,IEEE 802.1d 标准的取值范围为短整型(short:1～65 535),IEEE 802.1w 的取值范围为长整型(long:1～200 000 000)。管理员一定要统一好整个网络中 Path Cost 的标准。锐捷交换机默认模式采用长整型。

配置端口路径开销的计算方法,设置值为长整型(long)或短整型(short),配置命令为

Switch(config)# spanning-tree path-cost method long|short

如果要恢复默认设置,可用 no spanning-tree path-cost method 全局配置命令设置。

配置端口路径开销的命令为

Switch（config-if）# spanning-tree cost ＜1-200000000＞

默认值为根据端口的链路速率自动计算,速率高的开销小,如果管理员没有特别需要可不必更改它,因为这样计算出的 Path Cost 最科学。

RSTP 的交换机优先级、端口优先级、BPDU 的时间选项和检测命令与 STP 下的配置相同。

3.实验环境与说明

（1）实验目的

掌握交换机 RSTP 的配置方法,理解 RSTP 协议的特点和相关概念。

（2）实验设备和连接

实验设备和连接如图 4-18 所示,S3550 交换机间建立双链路连接,两台 S2126 交换机分别连接两台 S3550 交换机并各与 1 台 PC 机相连。

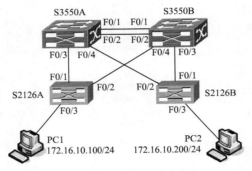

图 4-18　快速生成树 RSTP 的应用实验

（3）实验分组

每四名同学为一组,共同完成实验。

4.实验步骤

步骤 1　按照网络连接图完成设备连接,为防止实验过程中由于冗余链路可能导致的广播风暴影响,可以在完成设备生成树协议配置之后再连接交换机间的冗余链路。

步骤 2　在每台交换机上启动生成树协议,例如,在 S3550A 上进行配置。

S3550A# configure terminal

S3550A（config）# spanning-tree　　　　　　　　　　! 开启生成树协议

S3550A（config）# spanning-tree mode rstp　　　　　! 设置生成树为 RSTP(802.1w)

S3550A（config）# end

完成 S3550A 的配置后,在 S3550B、S2126A 和 S2126B 上也做相同设置。

步骤 3　配置 S3550A 为根交换机。

S3550A（config）# spanning-tree priority 0　　　　　! 设置 S3550A 的优先级为 0

步骤 4　配置 S3550A 和 S3550B 间的 F0/2 连接为主链路。

由于 S3550A 和 S3550B 间的 F0/1—F0/1、F0/2—F0/2 路径开销相同,默认的端口优先级均为 128,因此 F0/1 链路将成为主链路(端口号较小)。如果要做出更改就必须更改端口优先级,可以在 S3550A 和 S3550B 上做出如下配置(以 S3550A 为例):

S3550A（config）# interface fastEthernet 0/2

S3550A（config-if）# spanning-tree port-priority 0　　　　! 设置 F0/2 的端口优先级为 0

步骤 5　配置 S3550A 和 S2126A 间的端口速率为 10 Mbps。

本次实验使用的交换机设备端口为快速以太口,指定 S3550A 为根交换机后,如果指定 S3550A 和 S2126A 间的端口速率为 10 Mbps,S2126A 通过 F0/2 经 S3550B 的根路径开销将小于通过 F0/1 直连的路径开销,生成树的结构将因此而发生改变。这样做的目的是便于更好地理解生成树在网络中的建立过程。

在 fastEthernet 端口上设置速率的命令为

speed ﹛10 ｜ 100 ｜ auto ﹜

默认选项为 auto。

指定该链路速率为 10 Mbps,可以在 S3550A 或 S2126A 上来做,以 S2126A 为例:

S2126A（config）# interface fastEthernet 0/1

S2126A（config-if）# speed 10

步骤 6　完成配置后分别在四台交换机上使用 show spanning-tree 和 show spanning-tree interface 验证配置,分析检测结果并回答下列问题:

（1）写出 S3550A、S3550B、S2126A 和 S2126B 的桥标识符（Bridge ID）,假若 S3550 宕机,请判断哪一台设备将成为根交换机,为什么?

（2）根据检测结果填写表 4-12。

（3）根据表 4-12 的结果,在图 4-19 虚线上绘制生成树,并标出各个端口的类型（用 RP 表示根端口、DP 表示指定端口、AP 表示替换端口、BP 表示备份端口）。

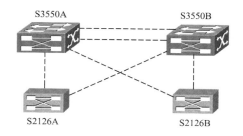

图 4-19　练习题

（4）配置 PC1 和 PC2 的 IP 地址,验证网络拓扑发生变化时,ping 的丢失包的情况,对比上节实验有何差别。

表 4-12　　　　　　　　　　**SwitchA 和 SwitchB 的接口 STP 对比**

设备	S3550A				S2126A	
接口	F0/1	F0/2	F0/3	F0/4	F0/1	F0/2
PortRole						
PortState						
设备	S3550B				S2126B	
接口	F0/1	F0/2	F0/3	F0/4	F0/1	F0/2
PortRole						
PortState						

第5章 路由器基本配置

5.1 路由器概述

1.路由器简介

路由器是网络层设备,其工作模式与第二层交换机相似,但路由器工作于 OSI 模型第三层,这个区别决定了路由和交换在转发数据时使用不同的控制信息,因为控制的 PDU 不同,实现功能的方式也不同。

路由器的本质功能在于决定最优路由和转发数据包(网络层分组)。

路由器通过路由表来实现网络层路由功能,路由表记录可以到达哪些网络以及数据分组去某个网络时下一步应该向哪里走。路由表的维护可以使用两种方法:静态路由和动态路由。作为专用的网际互联设备,路由器提供了强大的路由软件,适用于大规模的复杂网络结构;提供了丰富的接口类型,适用于各种 LAN/WAN 技术连接。同时由于可以处理更高层的 PDU,可以提供更高的网络安全管理手段。

本书所基于的网络工程专业实验室的 RACK 单元包括 4 台 RG-R1762 高性能安全模块化路由器,如图 5-1 所示。

图 5-1　RG-R1762 高性能安全模块化路由器

其主要性能如下:

(1)连接接口

包括 2 个 10 MB/100 MB 以太网端口,2 个高速同步端口,1 个控制台端口,1 个 AUX 端口。

(2)技术参数

FLASH:8/72 M;SDRAM:64 MB/320 MB;包转发率:100 kpps。

2.路由器配置的相关知识

（1）RGNOS

锐捷系列路由器和交换机的网络操作系统平台称为 RGNOS（Red Giant Network Operating System）。RGNOS 的系统文件（.bin）保存在设备 FLASH 中，在加电时加载到内存当中，RGNOS 在完成设备系统功能管理的同时，为用户提供统一的操作接口。由于以 IP 技术为核心，实现了组件化的软件体系结构，RGNOS 集成了众多先进核心技术特性，同时也兼容业界主流路由器和交换机产品的使用习惯。

（2）路由器的存储体系

目前主流路由器的存储体系包括 ROM、FLASH、DRAM 和 NVRAM，它们的主要功能如下：

ROM：相当于 PC 机的 BIOS；

FLASH：相当于 PC 机硬盘，包含 IOS（锐捷路由器的管理软件称为 RGNOS）；

DRAM：动态内存（当前配置，running-config）；

NVRAM：配置文件（启动配置，startup-config）。

注意　在锐捷交换机中没有 NVRAM 的概念，启动配置文件 config.text 和系统文件都记录在 FLASH 中。业界实现 NVRAM 的方式或者直接采用 FLASH 或者使用 RAM 加电的方法，只是实现手段不同而已。

（3）模块化设备的接口表示

路由器除提供局域网接口外，还提供了用于远程连接的广域网接口。RGNOS 支持的端口类型有 Ethernet、fastEthernet、Serial、Async、Loopback、Null、Tunnel、Group-Async、Dialer 等，在非模块化设备上一般用 Type Number（接口类型 接口号）来标识端口。

模块化设备的接口标识为：

type slotNum/interfacenum（接口类型 插槽编号/端口编号）

作为模块化设备，实验环境中的 R1762 的固定设备接口为两个 10 M/100 M 以太接口：fastEthernet 1/0 和 fastEthernet 1/1；两个同步串口：Serial 1/2 和 Serial 1/3。R1762-2 增加了扩展模块，提供 Serial 2/0 和 Serial 2/1 两个同步串口。

（4）实验室 R1762 的串口连接

在实际使用中，路由器的 Serial 口可以连接同步 Modem，提供广域网接入。在实验室中，使用 V.35 连接线连通设备同步串口。为简化连线程序，学生实验采用实验台现有连接结构，如图 5-2 所示。

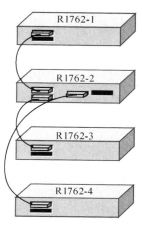

图 5-2　实验室 R1762 的连接

R1762-1 的 S1/2（DCE）连接 R1762-2 的 S1/2（DTE）；

R1762-3 的 S1/2（DCE）连接 R1762-2 的 S1/3（DTE）；

R1762-4 的 S1/2(DCE)连接 R1762-2 的 S2/0(DTE)。

注意 同步串口在使用 V.35 直连时连接线成对出现,DCE 端串口需要配置同步时钟。可以在 RACK 机柜底部看到 V.35 线对的连接。

如果实验室未提供所需连接,请注意在实验时应先连接好 Serial 口的 V.35 线对,再给设备加电,虽然厂商承诺 Serial 口是可以热插拔的,但建议最好不要这样做,以免接口损坏。

3.实验环境与说明

(1)实验目的

掌握路由器的基本配置,了解路由器的接口类型,掌握 CLI 的模式操作,配置路由器支持 Telnet,实现远程管理。

(2)实验设备和连接

实验设备和连接如图 5-3 所示,两台锐捷 R1762 路由器分别连接 1 台 PC 机,路由器之间串口相连。

图 5-3 路由器基本配置实验

(3)实验分组

每四名同学为一组,一人一台路由器(R1762),协同完成实验。

4.实验步骤

步骤 1 连接配置

按照网络拓扑结构,在配线架上实现计算机和所选路由器 F1/0 接口的连线。由于不需要同学做串口连接,因此在实验开始前应当对设备做出合理的分组。实验室的 RACK 平台可以同时建立三组任务要求的网络结构,供四名同学同时实验。分组可参考表 5-1。

表 5-1 路由实验分组参考

组号	PC1	PC2	R1-F1/0	R1-S1/2	R2-S1/2	R2-F1/0
1	N1	N2	R1762-1:F1/0	R1762-1:S1/2	R1762-2:S1/2	R1762-2:F1/0
2	N3	N2	R1762-3:F1/0	R1762-3:S1/2	R1762-2:S1/3	R1762-2:F1/0
3	N4	N2	R1762-4:F1/0	R1762-4:S1/2	R1762-2:S2/0	R1762-2:F1/0

按照上面的分组,配线架连线为 N1-R1F0、N2-R2F0、N3-R3F0、N4-R4F0。

由于三组连接实际上是互连在一起的,应当首先规划网络地址,避免冲突。可参考图5-4。

如图 5-4 所示,1#同学配置 PC1 和 R1762-1;2#同学配置 PC2 和 R1762-2;3#同学配置 PC3 和 R1762-3;4#同学配置 PC4 和 R1762-4。在图 5-4 子网规划的基础上,确定各设备端口的 IP 地址,可参考表 5-2。

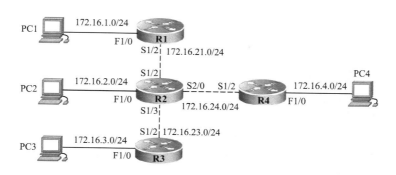

图 5-4　网络规划参考

表 5-2　　　　　　　　　　　　**实验设备接口 IP 参考**

设备端口	IP 地址	设备端口	IP 地址
PC1	172.16.1.100	R1762-4：F1/0	172.16.4.1
PC2	172.16.2.100	R1762-1：S1/2	172.16.21.1
PC3	172.16.3.100	R1762-3：S1/2	172.16.23.1
PC4	172.16.4.100	R1762-4：S1/2	172.16.24.1
R1762-1：F1/0	172.16.1.1	R1762-2：S1/2	172.16.21.2
R1762-2：F1/0	172.16.2.1	R1762-2：S1/3	172.16.23.2
R1762-3：F1/0	172.16.3.1	R1762-2：S2/0	172.16.24.2

步骤 2　路由器配置。

（1）配置路由器主机名

router＞ enable	！从用户模式进入特权模式
router＃ configure terminal	！从特权模式进入全局配置模式
router（config）＃ hostname R1	！以 R1762-1 为例，将主机名配置为"R1"
R1（config）＃	

（2）配置路由器远程登录密码

R1（config）＃ line vty 0 4	！进入路由器虚拟终端线路 0 到 4
R1（config-line）＃ login	
R1（config-line）＃ password star	！将路由器远程登录口令设置为"star"

（3）配置路由器特权模式口令

R1（config）＃ enable password 0 star	！将路由器特权模式口令配置为"star"
或 R1（config）＃ enable secret 0 star	！口令加密，优先级更高

（4）为路由器各接口分配 IP 地址

R1（config）＃ interface serial 1/2

R1（config-if）＃ ip address 172.16.21.1 255.255.255.0

！设置路由器 serial 1/2 的 IP 地址为 172.16.21.1，对应的子网掩码为 255.255.255.0

R1（config-if）＃ no shutdown　　　！启用端口

R1（config-if）＃ interface fastEthernet 1/0

R1（config-if）＃ ip address 172.16.1.1 255.255.255.0

！设置路由器 fastethernet 1/0 的 IP 地址为 172.16.1.1,对应的子网掩码为 255.255.255.0

R1(config-if)# no shutdown　　　　　！启用端口

注意　设备端口默认为 shutdown,配置使用时记得要 no shutdown。

（5）配置接口时钟频率（DCE）

R1(config)# interface serial 1/2

R1(config-if)　clock rate 64000　　　　　！设置接口物理时钟频率为 64 kbps

注意　只在 V.35 DCE 连接端设置。

以上是 R1762-1 设备的基本配置,R1762-3 和 R1762-4 的配置与此相同,仅仅是设备名和端口 IP 参数的差别,这里不复赘言。

R1762-2 由于网络连接和设备接口的差别,应注意与前面配置的区别。参考如下:

router> enable

router# configure terminal

router（config)# hostname R2　　　　　！将主机名配置为"R2"

R2(config)#

R2(config)# enable secret star　　　　　！将路由器特权模式口令配置为"star"

R2(config)# line vty 0 4

R2（config-line)# login

R2（config-line)# password star　　　　　！将路由器远程登录口令设置为"star"

R2（config-line)# exit

R2(config)#

！设置路由器 fastEthernet 1/0 的 IP 地址为 172.16.2.1,对应的子网掩码为 255.255.255.0

R2（config)# interface fastEthernet 1/0

R2（config-if)# ip address 172.16.2.1 255.255.255.0

R2(config-if)# no shutdown

！设置路由器 serial 1/2 的 IP 地址为 172.16.21.2,对应的子网掩码为 255.255.255.0

R2(config)# interface serial 1/2

R2(config-if)# ip address 172.16.21.2 255.255.255.0

R2(config-if)# no shutdown

！设置路由器 serial 1/3 的 IP 地址为 172.16.23.2,对应的子网掩码为 255.255.255.0

R2(config)# interface serial 1/3

R2(config-if)# ip address 172.16.23.2 255.255.255.0

R2(config-if)# no shutdown

！设置路由器 serial 2/0 的 IP 地址为 172.16.24.2,对应的子网掩码为 255.255.255.0

R2(config)# interface serial 2/0

R2(config-if)# ip address 172.16.24.2 255.255.255.0

R2(config-if)# no shutdown

R2(config-if)# end

！保存配置（如果特权密码设置不是 star,不要保存）

R2# copy running-config startup-config

Building configuration...

［OK］

R2#

可以看出,R1762-2 为了与另外两组设备连通,多配置了两个串口,同时由于同步串口连接 V.35 DTE 端,不设接口时钟。

步骤 3 配置计算机

将计算机 2♯网卡配置为指定 IP,网关设置为对应路由器 F1/0 的 IP。

步骤 4 在路由器特权模式下执行 show running-config 查看当前配置,执行 show interface 命令查看端口状态统计信息。

以 show interface 为例,执行如下:

R1♯ show interface serial 1/2

serial 1/2 is UP ,line protocol is UP ①

Hardware is PQ2 SCC HDLC CONTROLLER serial

Interface address is:172.16.21.1/24 ②

    MTU 1500 bytes,BW 2000 kbit ③

    Encapsulation protocol is HDLC,loopback not set ④

    Keepalive interval is 10 sec ,set

    Carrier delay is 2 sec

    RXload is 1 ,Txload is 1

    Queueing strategy:WFQ

    5 minutes input rate 17 bits/sec,0 packets/sec

    5 minutes output rate 17 bits/sec,0 packets/sec

      19 packets input,418 bytes,0 no buffer

      Received 19 broadcasts,0 runts,0 giants

      1 input errors,0 CRC,0 frame,0 overrun,1 abort

      18 packets output,396 bytes,0 underruns

      0 output errors,0 collisions,149 interface resets

      1 carrier transitions

      V35 DTE cable

      DCD=up DSR=up DTR=up RTS=up CTS=up

其中,①为端口状态,网络连通时为端口 up,协议 up;②为端口 IP 地址;③为带宽;④为端口封装类型。除此之外,该命令还有查看数据流量统计等其他功能。

验证路由器所配置的端口为 up,up。

步骤 5 综合验证。

(1)两台路由器互相 ping 对方的 Serial 口的地址,应该为通。

路由器上 ping 命令的格式为

ping *hostname*|*IP address*

其功能是从一台主机探测与另一台主机的连通性,以验证网络是否正常运行,是最常使用的故障诊断命令。命令发出后,探测方发出 5 个回显请求报文,如果网络正常运行将返回一组 ICMP 回应应答报文(echo)。ICMP 消息以 IP 数据包传输,因此接收到 ICMP 回应应答消息即可证明第三层以下的连接都工作正常。

简单的 IP ping 既可以在用户模式下执行,也可以在特权模式下执行。正常情况下,对方会应答 5 个回显请求,5 个惊叹号表明所有请求都成功地接收到了,返回信息中还包括最大、最小和平均往返时间等。每一个"!"表明一个 echo 请求被成功接收,如果不是"!",则表明 echo 请求未被接收到,原因有:.-请求超时,U-目的不可达,P-协议不可达,N-网络不可达,Q-源抑制,M-不能分段,? -不可知报文类型。例如:

R1♯ ping 172.16.21.2   ! 从 R1762-1 上 ping R1762-2 的 S1/2 接口
Sending 5,100-byte ICMP Echoes to 172.16.21.2,timeout is 2 seconds:
 < press Ctrl+C to break >

!!!!!
Success rate is 100 percent (5/5),round-trip min/avg/max = 1/1/1 ms

(2)两台主机分别 ping 与其直连的路由器的 fastEthernet 口,应为通。

(3)从与 R1 相连的主机可以 Telnet 到 R1,与 R2 相连的主机可以 Telnet 到 R2。

(4)4 台 PC 机之间互相 ping,应该为不通。

5.2 路由器的静态路由配置实验

1.静态路由

上一节实验的配置并不能解决计算机之间的连通问题,端口配置后,路由器只能解决直连网络的连通。要想实现相隔网络之间的连通,就必须让路由器建立远程网络的路由记录。

路由器维护路由表的方式有静态路由和动态路由两种。

• 静态路由是在路由器中设置的固定路由表。除非网络管理员干预,否则静态路由不会发生变化。

• 动态路由是网络中的路由器之间相互通信,传递路由信息,利用收到的路由信息更新路由表的过程。它能实时地适应网络结构的变化。

静态路由是指由网络管理员手工配置的路由信息。静态路由除了具有简单、高效、可靠的优点外,另一个好处是网络安全保密性高。

静态路由的一般配置步骤如下:

①为每条链路确定地址(包括子网地址和网络地址);

②为每个路由器标识非直连的链路地址;

③为每个路由器写出未直连地址的路由语句(没必要写出直连地址的语句)。

配置静态路由使用命令 ip route,基本格式如下:

router(config)♯ ip route [网络编号] [子网掩码] [转发路由器的 IP 地址/本地接口]

2.实验环境与说明

(1)实验目的

在 5.1.1 节实验完成的基础上,配置静态路由,实现网络连通。要求掌握静态路由的规划和相关配置。

(2)实验设备和连接

实验设备和连接与 5.1.1 节实验相同,建议参考图 5-4。

(3)实验分组

每四名同学为一组,一人一台路由器(R1762),协同完成实验。

3.实验步骤

步骤 1　完成上次实验的设备配置,可参考 5.1.1 节实验的步骤 1～步骤 3。

要求完成路由器的基本配置(设备名、特权口令设置)、相关接口配置(IP 地址、启用、DCE 时钟)和验证计算机的 IP 配置。

步骤 2　路由规划

图 5-4 网络规划中已经给出了网络拓扑中每个网段的子网地址,选择第一组连接设备,如图 5-5 所示。

可以看出网络中共有 172.16.1.0/24,172.16.21.0/24,172.16.2.0/24 三个子网。其中 R1762-1 直连 172.16.1.0/24 和 172.16.21.0/24,R1762-2 直连 172.16.21.0/24 和 172.16.2.0/24。确定未直连的网络:R1762-1 为 172.16.2.0/24,R1762-2 为 172.16.1.0/24。

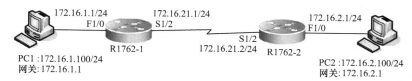

172.16.1.1/24　　　172.16.21.1/24
F1/0　　　　　　　S1/2　　　　　　　　172.16.2.1/24
　　　　　　　　　　　　　　　　　　F1/0
　　　　　　　　　　　　S1/2
R1762-1　　　172.16.21.2/24　　R1762-2
PC1 :172.16.1.100/24　　　　　　　PC2 :172.16.2.100/24
网关:172.16.1.1　　　　　　　　　网关:172.16.2.1

图 5-5　第一组拓扑参考

以 R1762-1 为例,确定到达 172.16.2.0/24 网络的网关地址为 172.16.21.2;同样 R1762-2 到达 172.16.1.0/24 网络的网关地址为 172.16.21.1。

思考　静态路由是怎样确定的? 路由记录中网关地址是什么?

步骤 3　静态路由配置

R1762-1 配置为

R1(config)# ip route 172.16.2.0 255.255.255.0 172.16.21.2　　　!配置静态路由

R1(config)# end

验证配置使用 show ip route 命令:

R1# show ip route　　　　　　　　!查看路由表

Codes:C-connected,S-static,R-RIP

　　　　O-OSPF,IA-OSPF inter area

　　　　N1-OSPF NSSA external type 1,N2-OSPF NSSA external type 2

　　　　E1-OSPF external type 1,E2-OSPF external type 2

　　　　* -candidate default

Gateway of last resort is no set

C　　172.16.1.0/24 is directly connected,fastEthernet1/0

C　　172.16.21.0/24 is directly connected,serial 1/2

S　　172.16.2.0/24 [1/0] via 172.16.21.2　　　!静态路由记录

R1762-2 配置为　R2(config)# ip route 172.16.1.0 255.255.255.0 172.16.21.1　　!配置静态路由

注意　静态路由两端都要配置。上面仅给出了 R1762-2 和 R1762-1 的连接配置, R1762-2 和 R1762、R1762-4 的连接配置请根据网络规划自己确定。

步骤 4　实验验证

PC1 和 PC2 之间可以相互 ping 通。

步骤 5 综合练习

参考以上配置,结合图 5-6,实现全网连通。提示:R1762-2 需要配置 3 个未直连网络路由,而 R1762-1、R1762-3 和 R1762-4 则各需要配置 5 个未直连网络的静态路由。

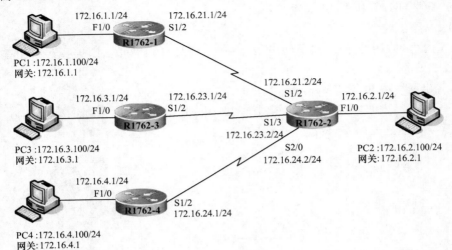

图 5-6 静态路由实验全网连接拓扑

根据图 5-6 确定,要实现全网连通路由器上要配置的全部静态路由,填写表 5-3。

表 5-3 实验需要配置的静态路由

设备	目的网络地址	目的网络掩码	下一跳地址
R1762-1			
R1762-2			
R1762-3			
R1762-4			

配置完成后,在路由器上执行 show ip route 可以看到全网路由记录,所有主机、路由器接口均可 ping 通。

步骤 6　配置缺省路由

从图 5-6 中可以发现,R1762-1、R1762-3 和 R1762-4 的对外出口只有一条链路,它们的静态路由指定的下一跳地址也是固定的,这种情况下可以通过缺省路由来简化配置。缺省路由的配置命令为

ip route 0.0.0.0 0.0.0.0 [转发路由器的 IP 地址/本地接口]

在 R1762-1、R1762-3 和 R1762-4 上使用 no 选项删除已经建立的静态路由(no ip route *network-number network-mask* [*ip-address* ｜ *interface-id* [*ip-address*]]),例如

R1(config)♯ no ip route 172.16.2.0 255.255.255.0

在执行 show ip route 确认配置的静态路由已经删除的情况下,执行缺省路由的配置操作,以 R1762-1 为例:

R1(config)♯ ip route 0.0.0.0 0.0.0.0 172.16.21.2　　!配置缺省路由

完成在 R1762-1、R1762-3 和 R1762-4 的配置后,验证全网仍然连通。

5.3　路由器的动态路由 RIP 配置实验

1.动态路由

5.1.2 节中路由器的静态路由配置可以实现网络连通。静态路由在单一链路或简单网络结构中非常适用,但静态路由完全依赖于管理员的手动配置,当网络规模较大,存在链路冗余或存在变动时,静态路由配置就很难满足网络要求了。在大型、复杂网络结构中,一般通过动态路由来实现网络连通的。

动态路由是指路由器能够自动地建立自己的路由表,并且能够根据实际情况的变化适时地进行调整。动态路由协议分为两类:

(1)外部网关协议(EGP):在自治系统之间交换路由选择信息的互联网络协议,如 BGP。

(2)内部网关协议(IGP):在自治系统内交换路由选择信息的路由协议,常用的因特网内部网关协议有 OSPF、RIP、IGRP、EIGRP。其中,RIP 协议是应用较早、使用较普遍的内部网关协议,适用于小型同类网络,是典型的距离矢量(distance-vector)协议。

2.RIP 协议简介

路由信息协议(Routing Information Protocols,RIP)是由施乐 Xerox 在 20 世纪 70 年代开发的,其前身是 Xerox 协议 GWINFO。国际上关于 IP RIP 在两个文档中有正式定义:RFC 1058 和 RFC 1723。RFC 1058(1988)描述了 RIP 的第一版实现,RFC 1723(1994)是它的更新,允许 RIP 分组携带更多的信息和安全特性。实验室设备 R1762 支持RIPv2 配置,但本节实验只涉及 RIPv1 的基本配置。

(1)RIP 的工作原理

RIP 以规则的时间间隔及在网络拓扑改变时发送路由更新信息(基于 UDP 广播)。当路由器收到包含某表项的更新的路由更新信息时,就更新其路由表:该路径的 metric 值加上 1,发送者记为下一跳地址(网关地址)。

RIP 路由器只维护到目的地最佳路径(具有最小 metric 值的路径)。更新了自己的路由表后,路由器立刻发送路由更新,把变化通知给其他路由器,这种更新(触发更新)与周期性发送的更新信息无关的。

在 RIP 协议中,规定了最大跳级数为 15,如果从网络的一个终端到另一个终端的路由跳数超过 15,就被认为涉及了循环,因此当一个路径达到 16 跳,将被认为是达不到的,继而从路由表中删除。

默认配置下,RIP 协议每隔 30 秒定期向外发送一次更新报文。RIP 对每条路由有一个计时器,当收到新的有关这条路由的消息时,该计时器被重置;如果计时器超时(默认值为 180 秒)没有收到来自某一路由器的路由更新报文,则将所有来自此路由器的路由信息标志为不可达,若在 240 秒内仍未收到更新报文,就将这些路由从路由表中删除。

为了防止路由环路的出现(无穷计数问题),RIP 通过设置最大跳级数,实现水平分割、毒性反转,结合触发更新和抑制规则,保证了路由计算的有效收敛。

(2)RGNOS 中配置 RIP 协议的一般步骤

第一步:启用 RIP 进程

router(config)# router rip

router(config-router)#

第二步:配置 network 命令

router(config-router)# network <主类网络号>

其含义为:①公布属于该主类的子网;②包含在该主类内的接口将发送和接收路由信息。

第三步:配置均衡负载(代价相等)

router(config-router)# maximum-paths <1-6>   ! 缺省为"4"

第四步:配置 RIP 发布初始度量值

router(config-router)# default-metric <1-4294967295>   ! 缺省为 5,建议设置为 1

在本节实验中只涉及第一步和第二步,maximum-paths 和 default-metric 使用默认配置。

(3)RGNOS 中 RIP 的调试采用的命令

router# show ip protocols   ! 验证 RIP 的配置

router# show ip route   ! 显示路由表的信息

router# clear ip route   ! 清除 IP 路由表的动态路由信息

router# debug ip rip   ! 在控制台显示 RIP 的工作状态

3.实验环境与说明

(1)实验目的

在 5.1.1 节实验完成的基础上,配置 RIP 协议,实现网络连通。

(2)实验设备和连接

实验设备和连接与 5.1.1 节实验相同,建议参考图 5-4。

(3)实验分组

每四名同学为一组,一人一台路由器(R1762),协同完成实验。

4.实验步骤

步骤 1 完成 5.1.1 节实验的设备配置,可参考 5.1.1 节实验的步骤 1～步骤 3。

要求完成路由器的基本配置(设备名、特权口令设置)、相关接口配置(IP 地址、启用、DCE 时钟)和验证计算机的 IP 配置。

步骤 2 实验分析

分析图 5-4 可知:

R1762-1 直连 172.16.1.0/24 和 172.16.21.0/24;

R1762-2 直连 172.16.2.0/24、172.16.21.0/24、172.16.23.0/24 和 172.16.24.0/24;

R1762-3 直连 172.16.3.0/24 和 172.16.23.0/24;

R1762-4 直连 172.16.4.0/24 和 172.16.24.0/24。

这些直连网络就是路由器在启动 RIP 时需要公布的网络。

步骤 3 RIP 配置

S1762-1 为

R1(config)♯ router rip	! 启用 RIP 进程
R1(config-router)♯ network 172.16.1.0	! 公布直连网络
R1(config-router)♯ network 172.16.21.0	! 公布直连网络
R1(config-router)♯ end	

S1762-2 为

R2(config)♯ router rip	! 启用 RIP 进程
R2(config-router)♯ network 172.16.2.0	! 公布直连网络
R2(config-router)♯ network 172.16.21.0	! 公布直连网络
R2(config-router)♯ network 172.16.23.0	! 公布直连网络
R2(config-router)♯ network 172.16.24.0	! 公布直连网络
R2(config-router)♯ end	

S1762-3 为

R1(config)♯ router rip	! 启用 RIP 进程
R1(config-router)♯ network 172.16.3.0	! 公布直连网络
R1(config-router)♯ network 172.16.23.0	! 公布直连网络
R1(config-router)♯ end	

S1762-4 为

R1(config)♯ router rip	! 启用 RIP 进程
R1(config-router)♯ network 172.16.4.0	! 公布直连网络
R1(config-router)♯ network 172.16.24.0	! 公布直连网络
R1(config-router)♯ end	

步骤 4 综合验证

(1)验证接口

RIP 协议规定包含在公布网络内的接口将发送和接收路由信息,这些接口的状态应当是 UP 的,可以通过 show ip interface 命令查看接口,例如,在 R1762-1 上执行如下命令:

R1♯ show ip interface brief	! 显示接口的摘要信息

Interface	IP-Address(Pri)	OK?	Status
serial 1/2	172.16.21.1/24	YES	UP
serial 1/3	no address	YES	DOWN
fastEthernet 1/0	172.16.1.1/24	YES	UP
fastEthernet 1/1	no address	YES	DOWN
Null 0	no address	YES	UP

R1#

在四台路由器上分别执行该命令,确定设备接口的状态。

(2)验证路由表

配置 RIP 协议的目的是建立动态路由,可以使用 show ip route 命令查看结果:

R1# show ip route   ! 查看 R1762-1 的路由表

显示结果如下:

Codes:C-connected,S-static,R-RIP

    O-OSPF,IA-OSPF inter area

    N1-OSPF NSSA external type 1,N2-OSPF NSSA external type 2

    E1-OSPF external type 1,E2-OSPF external type 2

    *-candidate default

Gateway of last resort is no set

C   172.16.1.0/24 is directly connected,fastEthernet 1/0

C   172.16.1.1/32 is local host.

R   172.16.2.0/24 [120/1] via 172.16.21.2,00:00:27,serial 1/2

R   172.16.3.0/24 [120/2] via 172.16.21.2,00:00:27,serial 1/2

R   172.16.4.0/24 [120/2] via 172.16.21.2,00:00:27,serial 1/2

C   172.16.21.0/24 is directly connected,serial 1/2

C   172.16.21.1/32 is local host.

R   172.16.23.0/24 [120/1] via 172.16.21.2,00:00:27,serial 1/2

R   172.16.24.0/24 [120/1] via 172.16.21.2,00:00:27,serial 1/2

R2# show ip route   ! 查看 R1762-2 的路由表

Codes:C-connected,S-static,R-RIP

    O-OSPF,IA-OSPF inter area

    N1-OSPF NSSA external type 1,N2-OSPF NSSA external type 2

    E1-OSPF external type 1,E2-OSPF external type 2

    *-candidate default

Gateway of last resort is no set

R   172.16.1.0/24 [120/1] via 172.16.21.1,00:00:27,serial 1/2

C   172.16.2.0/24 is directly connected,fastEthernet 1/0

C   172.16.2.1/32 is local host.

R   172.16.3.0/24 [120/1] via 172.16.23.1,00:00:22,serial 1/3

R   172.16.4.0/24 [120/1] via 172.16.24.1,00:00:29,serial 2/0

C   172.16.21.0/24 is directly connected,serial 1/2

C   172.16.21.2/32 is local host.

C   172.16.23.0/24 is directly connected，serial 1/3
C   172.16.23.2/32 is local host.
C   172.16.24.0/24 is directly connected，serial 2/0
C   172.16.24.2/32 is local host.

R1762-3 和 R1762-4 的执行结果与 R1762-1 相近，这里不再列出。路由表中标有 R 的项目就是设备通过 RIP 协议自动建立的路由记录。以 R1762-2 的第 1 条 R 记录为例：

172.16.1.0/24 [120/1] via 172.16.21.1，00:00:27，serial 1/2

- 172.16.1.0/24 表明目的网络；
- [120/1]中 120 为管理代价（标识路由信息源的可信度，例如，RIP 为 120、直连网络为 0），1 为跳级数（RIP 协议的度量参数）；
- 172.16.21.1 为转发路由器的 IP 地址；
- 00:00:27 是该记录已存活的时间（递增值）；
- serial 1/2 为本地接口。

（3）验证 RIP 的工作过程

在 RIP 配置中，可以使用 debug ip rip 来显示 RIP 的工作状态，用来调试分析。

在 R1762-1、R1762-2 和 R1762-3 上执行下面的命令：

R1# debug ip rip event   ! 在控制台显示 RIP 事件

控制台将周期性地显示下面的信息（这是 R1762-1 上的观测结果，R1762-2 和 R1762-3 会有所区别）：

```
RIP：rip receive packet. src：172.16.21.2
peer exist
RIP：received response packet.
RIP：send response
RIP：send len：24 ifin
RIP：send response
RIP：send len：124 ifindex：2
RIP：rip receive packet. src：172.16.21.2
peer exist
RIP：received response packet.
RIP：rip receive packet. src：172.16.21.2
peer exist
RIP：received response packet.
```

思考 请观察几组 RIP 事件信息，测量一下间隔时间是多少？如果中间将 R1762-2 的 F1/0 口的连线断开（或接上），显示时间上会有什么变化吗？分析其中的差别和目的。

5.4 利用 TFTP 服务器备份和恢复路由器配置实验

在 5.1.3 节实验中已经了解了利用 TFTP 服务器备份和恢复交换机配置的有关操作，这里练习使用 TFTP 服务器备份和恢复路由器的配置。一般而言，路由器涉及更多的配置，作为实现网络三层连接的重要设备，路由器承担着网络互连，甚至网络安全的重要任务,一旦配置文件损坏,其结果的严重性可想而知。

1.Copy 命令

在 5.1.3 节中已经介绍过 RGNOS 中的 copy 命令,该命令格式为

copy source-url destination-url

Copy 命令可以用于 IOS 及 CONFIG(配置文件)的备份和升级,在 R1762 路由器特权模式下执行命令帮助语句可以看到如下结果:

```
router# copy ?                           ! 查看 copy 命令 source-url 参数
  flash:                  Copy from flash: file system
  running-config          Copy from current system configuration
  startup-config          Copy from startup configuration
  tftp:                   Copy from tftp: file system
R1762# copy running-config ?             ! 查看 copy 命令 destination-url 参数
  flash:                  Copy to flash: file system
  running-config          Update (merge with)current system configuration
  startup-config          Copy to startup configuration
  tftp:                   Copy to tftp: file system
```

可以看到,在 R1762 路由器上 copy 命令指定的源位置和目标位置可以是表 5-4 中四个参数之一。

表 5-4　　　　　　　　　　　　**R1762 中支持的 copy 命令参数**

参数	功能
flash:	FLASH(闪存),用于存放系统文件
running-config	DRAM(动态随机存储器),记录当前配置
startup-config	非易失性随机存储器(NVRAM),存放启动配置
tftp:	TFTP 服务器

注意　锐捷的 R1762 路由器没有设置单独的 NVRAM,启动配置文件记录在 FLASH 中,即 flash:config.text(别名为 startup-config),路由器在设备启动时加载启动配置文件。

Copy 命令的图解如图 5-7 所示。

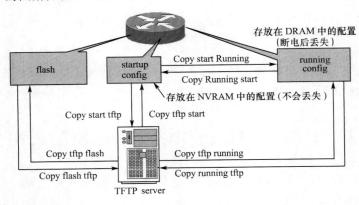

图 5-7　Copy 命令的图解

具体的配置命令如下：

①copy running-config startup-config　　　! 将运行配置文件复制到 NVRAM 中去

②copy startup-config running-config　　　! 用 NVRAM 中的配置覆盖 DRAM 中的配置

③copy startup-config TFTP：　　　　　　! 将 NVRAM 中的配置复制到 TFTP 服务器中

④copy running-config TFTP：　　　　　　! 将 DRAM 中的配置复制到 TFTP 服务器中

⑤copy TFTP：running-config　　　　　　! 将 TFTP 中的文件复制到路由器的 DRAM 中

⑥copy TFTP：startup-config　　　　　　! 将 TFTP 中的文件复制到路由器 NVRAM 中

⑦write / erase　　　　　　　　　　　　! 写入/删除 NVRAM 中的配置文件

在配置命令中，参数 running-config 表示将配置存放在 DRAM 中，startup-config 表示将配置存放在 NVRAM 中。在设备配置过程中，任何命令只要键入后立即存入 DRAM 并运行，但掉电后会丢失。只有存放在 NVRAM 中的配置，在重新启动之后才会被复制到 DRAM 中运行，因此在确认配置正确无误后，应当使用命令 copy running-config startup-config 或 write memory 保存配置。

关于 TFTP 服务器，这里仍然使用锐捷提供的 Trivial FTP server，4.1.3 节实验说明中已经对此做过介绍。

2.实验环境与说明

（1）实验目的

掌握通过 TFTP 服务器备份和还原路由器配置的方法。

（2）实验设备和连接

实验设备和连接如图 5-8 所示，一台锐捷 R1762 路由器连接 1 台 PC，路由器命名为 R1762。

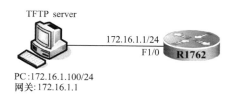

图 5-8　利用 TFTP 服务器备份和恢复路由器配置实验

（3）实验分组

每四名同学为一组，一人一台路由器（R1762），各自独立完成实验。

3.实验步骤

步骤 1　在路由器上完成如下配置：

router（config）# hostname R1762　　　　　! 将设备名配置为 R1762

R1762（config）# enable secret 0 star　　　　! 将特权模式口令配置为 star

R1762（config）# interface fastEthernet 1/0　　! 配置 fastEthernet 1/0 接口

R1762（config-if）# ip address 172.16.1.1 255.255.255.0

R1762（config-if）# no shutdown

执行 copy running-config startup-config 或 write memory 保存配置，例如

R1762# copy running-config startup-config

Building configuration...

［OK］

执行 show running-config 和 show startup-config 查看配置记录：

R1762♯ show running-config

Building configuration...

Current configuration：713 bytes

!

version 8.32（building 53）

hostname R1762   ! 设备名为 R1762

enable secret level 14 5 1df32$v546ADtx41856yvz

enable secret 5 1yLhr$4tvyAFDzpz4ywypr   ! 特权模式口令配置为 star（密文）

!

interface serial 1/2

  clock rate 64000

!

interface serial 1/3

  clock rate 64000

!

interface fastEthernet 1/0   ! fastEthernet 1/0 接口配置

  ip address 172.16.1.1 255.255.255.0

  duplex auto

  speed auto

!

interface fastEthernet 1/1

  duplex auto

  speed auto

!

……＜后面内容略去＞

步骤 2　配置 PC 的 IP 地址为 172.16.1.100，运行 Trivial FTP server，验证路由器与 TFTP 服务器的连通性。

前面已经在路由器上执行过简单 ping 命令了，这里推荐大家使用扩展 ping 命令。与简单 ping 命令既可以在用户模式，也可以在特权模式下执行不同，扩展 ping 命令只能在特权模式下执行。

扩展 ping 命令适用于任何一种桌面协议，它包含更多的功能属性，因此可以获得更为详细的信息。通过这些信息可以分析网络性能下降的原因而不仅是服务丢失的原因。扩展 ping 命令的执行方式也是敲入 ping。其使用方法如下：

R1♯ ping   ! 执行扩展 ping

Protocol［ip］：   ! 需要测试的协议，默认为 IP，直接回车

Target IP address：172.16.1.100   ! 指定测试的目标地址

Repeat count［5］：10   ! 指定 ping 的重复次数，默认为 5

Datagram size［100］：2000

! 指定报文大小，默认为 100 B，如果怀疑报文由于延迟过长或者分片失败而丢失，可以提高报文

的大小。例如,使用 2000 B 报文来强制分片。

Timeout in seconds〔2〕:

! 指定超时时间,默认 2 秒,如果怀疑超时是由于响应过慢而不是报文丢失,则可以提高该值,否则可以直接回车

Extended commands〔n〕: y

! 回答 y 以获得扩展属性,默认为 n,跳过扩展属性项

Source address:172.16.1.1   ! 指定源地址,必须是路由器的启用接口

Sending 10,2000-byte ICMP Echoes to 172.16.10.2,timeout is 2 seconds:

〈 press Ctrl+C to break 〉

!!!!!!!!!!

Success rate is 100 percent (10/10),round-trip min/avg/max = 519/519/520 ms

步骤3 备份路由器的配置

R1762# copy startup-config tftp: ! 备份路由器的启动配置到 TFTP 服务器

Address or name of remote host〔〕? 172.16.1.100   ! 指定 TFTP 服务器的 IP 地址

Destination filename〔config.text〕?   ! 提示选择要保存的文件的名称

Accessing tftp://172.16.1.100/config.text...

Success:Transmission success,file length 713   ! 传输成功,文件长 713 字节

与此同时,可以在 TFTP 服务器端窗口看到状态提示信息(图 5-9)。在 TFTP 服务器系统目录下找到 config.text 文件,用记事本打开,对比刚才路由器上查看配置记录的结果,会发现这就是路由器的配置文件。

图 5-9 Trivial FTP sever 界面

步骤4 删除路由器的启动配置

执行 erase 命令或 delete,删除路由器的启动配置,命令如下:

R1762# erase startup-config

或

R1762# delete flash:config.text

注意 不要用 delete 命令去删除 FLASH 中的其他文件,尤其是 rgnos.bin(IOS 系统文件),否则将造成设备无法启动。

重启路由器,执行如下:

R1762# reload   ! 重启设备

Proceed with reload?〔confirm〕   ! 提示是否重启,输入 y 回车

路由器重启后,由于删除了 config.text 启动配置文件,设备将还原为出厂状态:

Red-Giant〉   ! 锐捷路由器的默认设备名

Red-Giant＞ enable   ！特权口令为空

Red-Giant＃

步骤 5　将 TFTP 服务器保存的配置加载到路由器

重新配置 F1/0 接口：

Red-Giant＃ config terminal

Enter configuration commands，one per line. End with CNTL/Z.

Red-Giant(config)＃ interface fastEthernet 1/0

Red-Giant(config-if)＃ ip address 172.16.1.1 255.255.255.0

Red-Giant(config-if)＃ no shutdown

回到特权模式下，执行将 TFTP 服务器保存的配置加载到路由器的操作：

Red-Giant＃ copy tftp：startup-config   ！拷贝 TFTP 服务器到路由器的启动配置

Address or name of remote host []？ 172.16.1.100   ！指定 TFTP 服务器的 IP 地址

Source filename []？ config.text   ！指定要读取的文件的名称

Accessing tftp://172.16.1.100/config.text...

Write file to flash：！

Write file to flash successfully！

Success：Transmission success，file length 713   ！文件复制成功

执行 show startup-config，可以看到启动配置已经被复原。

如果执行 copy tftp：running-config，则会看到：

Red-Giant＃ copy tftp：running-config   ！拷贝 TFTP 服务器到路由器的当前配置

Address or name of remote host []？ 172.16.1.100   ！指定 TFTP 服务器的 IP 地址

Source filename []？ config.text   ！指定要读取的文件的名称

Accessing tftp://172.16.1.100/config.text...

Success：Transmission success，file length 713   ！复制成功

R1762＃   ！提示符已经更改，配置复原

执行 show running-config 可以看到当前配置已经被复原。在执行了上面的操作后，可以看到 Trivial FTP server 界面会显示如下的提示信息：

172.16.1.1：2057-Read access to C：\Documents and Settings\Administrator\桌面\config.text granted

172.16.1.1：2057-Transfer completed-713 bytes transferred

172.16.1.1：2059-Read access to C：\Documents and Settings\Administrator\桌面\config.text granted

172.16.1.1：2059-Transfer completed-713 bytes transferred

第6章 无线网的搭建与配置

6.1 组建 Ad-Hoc 模式无线局域网

1. 实验目的

掌握没有无线局域网,没有无线 AP(Wireless Access Point,无线访问接入点)的情况下,通过无线网卡实现移动设备之间互联的方法。

2. 实验拓扑

以图 6-1 所示的网络场景,组建 Ad-Hoc 无线局域网络,IP 地址规划信息见表 6-1 所示。

PC1:192.168.1.1   PC2:192.168.1.2

图 6-1　组建 Ad-Hoc 无线局域网

表 6-1　　　　　　　　　　　　　IP 地址规划信息

设备	接口地址	子网掩码	网关	备注
PC1	192.168.1.1	255.255.255.0	办公网设备代表	
PC2	192.168.1.2	255.255.255.0	办公网设备代表	

3. 实验设备

内置无线的笔记本电脑(2 台)。或:测试 PC(2 台),无线局域网外置 USB 网卡(2 块)。

4. 实验原理

Ad-Hoc 结构无线局域网组网模式,是一种省去了无线中介设备 AP 而搭建起来的对等网络结构局域网组网。只要安装了无线网卡的计算机彼此之间就可以通过无线网卡,实现无线互联。其原理是网络中的一台计算机主机建立点到点连接,相当于虚拟 AP,而其他计算机就可以直接通过这个点对点连接进行网络互联与共享。

在 Ad-Hoc 模式无线网络中,利用无线网卡组建无线局域网:无线网卡通过设置相同的 SSID、相同的信道,最终实现通过移动设备之间的通信。

由于省去了无线 AP,Ad-Hoc 无线局域网的网络架设过程十分简单。不过,一般的无线网卡在室内环境下传输距离通常为 40 米左右,当超过此有效传输距离,就不能实现彼此之间的通信,因此该种模式非常适合一些简单、甚至是临时性的无线互联需求。

无线局域网中的 Ad-Hoc 结构,类似于有线网络中的双机互联的对等网络组网模式。

5.实验步骤

(1)在台式机安装无线局域网外置 USB 网卡。

①把外置 USB 网卡插入计算机 USB 端口,系统自动搜索到新硬件,并提示安装驱动程序。

②选择"从列表或指定位置安装",插入驱动光盘,选择驱动所在相应位置(或者指定的位置),然后再单击"下一步"按钮。

③计算机将找到设备驱动程序,按照屏幕指示安装无线局域网外置 USB 网卡,单击"下一步"按钮。

④单击"完成"按钮结束,屏幕右下角出现无线局域网络连接图标,包括速率和信号强度。

(2)配置 PC1 设备无线网络连接。

①打开 PC1 设备,按照"桌面"→"网络"→"本地连接"→"无线网络连接"的流程找到"无线网络连接"。

②设置 PC2 无线网卡之间相连的 SSID 为 ruijie。

选择"无线网络连接",单击右键,启动快捷菜单,进入无线网卡的属性配置项。

在"无线网络连接属性"对话框"无线网络配置"选项卡中,选择"首选网络"项,单击左下角的"添加"按钮,添加一个新的 SSID 连接,名称为"ruijie",如图 6-2 所示。注意:此处 SSID 标识必须与对端的 PCI 设备无线局域网卡属性配置完全一致。

图 6-2 SSID 连接名称

在"高级"对话框中,选择"仅计算机到计算机(特定)"模式,或者可以通过第三方的"无线网络配置软件",选择"Ad-Hoc"模式,如图 6-3 所示。

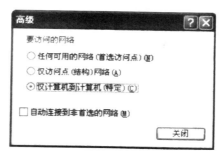

图 6-3 选择 Ad-Hoc 模式

（3）配置 PC2 无线局域网卡 IP 地址。

选择"网络"→"无线网络连接"，单击右键，启动快捷菜单，进入无线网卡的属性配置项。

选择"常规"选项卡，设置 PC2 无线局域网卡的 IP 地址，如图 6-4 所示。

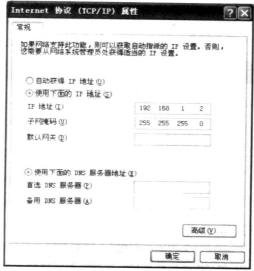

图 6-4 设置无线局域网卡 IP 地址

（4）配置 PC1 设备无线局域网卡属性。

按照上述同样的方法和流程，配置 PC1 的相关属性。

（5）测试网络连通。

打开办公网 PC1 机，使用"CMD"→转到 DOS 工作模式，并输入以下命令：

ping 192.168.1.2

!!!!　　　　　! 由于同一办公网段连接，办公网 PC1 能 ping 通 PC2 设备

6.注意事项

（1）两台移动设备的无线网卡的 SSID（Server Set Identifier，服务集标识）必须一致。

（2）无线局域网卡默认的信道为 1，如遇其他系列网卡，则要根据实际情况调整无线网卡的信道，使多块无线网卡的信道一致。

（3）注意两块无线网卡的 IP 地址设置为同一网段。

(4)无线网卡通过 Ad-Hoc 方式互联,对两块网卡的距离有限制,工作环境下一般不建议超过 10 米。

6.2　组建无线局域网

1.实验目的

配置无线路由器设备,组建无线局域网。

2.实验拓扑

组建会议室临时无线局域网,如图 6-5 所示。

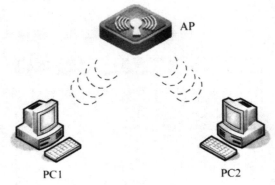

图 6-5　组建会议室临时无线局域网

3.实验设备

无线路由器(1 台),笔记本电脑(2 台)。或:测试 PC(2 台),外置 USB 无线网卡(2块)。

4.实验原理

无线路由器是应用于用户上网、带有无线覆盖功能的路由器。

无线路由器可以看作一个转发器,将家中墙上接出的宽带网络信号通过天线转发给附近的无线网络设备(笔记本电脑,支持 Wi-Fi 的手机,平板以及所有带 Wi-Fi 功能的设备)。

市场上流行的无线路由器一般都支持专线 xdsl/cable、动态 xdsl、pptp 等多种接入方式,它还具有其他一些网络管理的功能,如 DHCP 服务,nat 防火墙、mac 地址过滤、动态域名等功能。市场上流行的无线路由器一般只能支持 15～20 台以内的设备同时在线使用。

5.实验步骤

(1)无线路由器配置物理连接。

①连接无线路由器(或 AP)设备。

如图 6-6 所示,连接 AP 设备和配管设备。由于市面上的无线路由器设备都有一个供电的适配器支持以太网,故需要正确地连接。

②配置连接无线路由器 AP 设备的 PC 机地址,如图 6-7 所示。

图 6-6   连接 AP 设备和配管设备

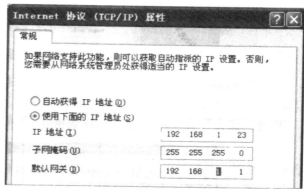

图 6-7   配置 PC 机地址

设置 PC1 的以太网接口地址为 192.168.1.23/24,无线路由器 AP 的默认管理地址为 192.168.1.1/24 。

③从配置 PC 登录 AP 设备。在 IE 浏览器中输入"http://192.168.1.1",登录到无线路由器 AP 的管理界面,输入本 AP 的默认密码为"default"。

(2)配置无线路由器 AP 的基本信息。

①成功登录后,无线路由器 AP 显示常规配置信息。

②配置无线接入 AP 的名称以及 ESSID 信息。

选择左侧的"常规"配置选项,修改"常规"配置信息。修改"接入点名称"为 AP-TEST(此名称为任意设置);

设置"无线模式"为 AP 模式;修改 ESSID 为 ruijie(ESSID 名称可任意设置);将"信道/频段"设置为 CH 01/2412 MHz;

修改"模式"为混合模式(此模式可根据无线网卡类型设置);

使无线路由器 AP 应用新设置。配置完成后,单击"确定"按钮,使配置生效。

(3)配置测试 PC 的无线连接。

打开 PC 无线网络连接,搜索附近 SSID,然后输入安全秘钥:XXXXX,单击"确定"按钮,即可实现接入无线路由器 AP 中。

(4)网络连通性验证。

分别为 PC1 和 PC2 计算机配置同网段的管理地址。在 PC2 计算机上,打开"开始"菜单,调出运行窗口,输入 cmd,转到 DOS 命令测试状态。测试 PC2 与 PC1 的连通性。

ping 192.168.1.2

!!!!   ! 由于同一办公网段连接,办公网 PC1 能 ping 通 PC2 设备

使用 PC1 和 PC2 通过无线路由器设备连接通信,实现无线局域网的互连互通。

6.3   建立开放式无线接入服务

1.实验目的

掌握通过无线 AP 设备进行无线局域网互联,实现最基础开放式无线接入服务配置

方法。实现一个不需要加密、认证的无线网络,无线客户端通过 DHCP 方式获取 IP
地址。

2.实验拓扑

按图 6-8 所示的网络拓扑,组建 Infrastructure 模式无线局域网,注意接口连接标识,
以保证和后续配置保持一致。

图 6-8 开放式无线接入服务的网络拓扑

3.实验设备

无线控制器(1 台),无线 AP(1 台),三层交换机(1 台),POE 电源模块 RG-E-130(1
台),无线网卡(1 块,可选),测试笔记本或 PC(2 台),网络(若干)。

4.实验原理

客户需要一个不使用加密、认证的无线网络。无线客户端通过 DHCP 方式获取 IP
地址。配置开放式无线网络后,任何无线客户端可以接到该网络的 SSID,并且能够联入
该无线网络,获取 IP 地址,客户端之间可以相互通信。

5.实验步骤

(1)基本拓扑连接。

根据图 6-8 所示的拓扑图,将设备连接起来,并注意设备状态灯是否正常。

(2)切换 AP 模式为 FIT AP 模式。

登录 AP 设备,在 AP 上切换其模式为 FIT AP 工作模式。在 FIT AP+AC 的组网
模式中,FIT AP 设备零配置。

备注:登录 AP 设备时,如果提示输入密码,默认密码为:ruijie(或 admin)。

Password:ruijie

Ruijie>

Ruijie>show ap-mode   ! 查看 AP 的当前模式

current mode:fit   ! AP 当前模式为 FIT AP

(3)配置三层交换机设备基本信息。

Switch(config)♯

Switch(config)♯ hostname RG-3760E

RG-3760E(config)♯ vlan 10   ! 创建 VLAN 10

RG-3760E(config)♯ vlan 20

RS-3760E(config)♯ vlan 100

RG-3760E(config)♯ service dhcp   ! 启用 DHCP 服务

RG-3760E(config)♯ ip dhcp pool ap-pool   ! 创建地址池,为 AP 分配 IP 地址

RG-3760E(dhcp-config)♯ option 138 ip 9.9.9.9

                                                          ! 配置 DHCP 选项,地址为 AP 的环回接口地址

RG-3760E(dhcp-config)♯ network 192.168.10.0 255.255.255.0   ! 指定地址池

RG-3760E(dhcp-config)♯ default-router 192.168.10.254   ! 指定默认网关

RG-3760E(dhcp-config)♯ exit

RG-3760E(config)♯

RG-3760E(config)♯ ip dhcp pool vlan100   ! 创建地址池,为用户分配 IP 地址

RG-3760E(dhcp-config)♯ domain-name 202.106.0.20   ! 指定 DNS 服务器

RG-3760E(dhcp-config)♯ network 192.168.100.0 255.255.255.0   ! 指定地址池

RG-3760E(dhcp-config)♯ default-router 192.168.100.254   ! 指定默认网关

RG-3760E(dhcp-config)♯ exit

RG-3760E(config)♯

RG-3760E(config)♯ interface VLAN 10   ! 配置 VLAN 10 地址

RG-3760E(config-VLAN 10)♯ ip address 192.168.10.254 255.255.255.0

RG-3760E(contig)♯ interface VLAN 20

RG-3760E(config-VLAN 20)♯ ip address 192.168.11.2 255.255.255.0

RG-3760E(config)♯ interface VLAN 100

RG-3760E(config-VLAN 100)♯ ip address 192.168.100.254 255.255.255.0

RG-3760E(config-VLAN 100)♯ exit

RG-3760E(config)♯

RG-3760E(config)♯ interface GigabitEthernet 0/25

RG-3760E(config-if-GigabitEthernet 0/25)♯ switchport access vlan 10

! 将接口加入 VLAN 10

RG-3760E(config)♯ interface GigabitEthernet 0/26

RG-3760E(config-if-GigabitEthernet 0/26)♯ switchport mode trunk

! 将接口设置为 trunk 模式

RG-3760E(config)♯ ip route 9.9.9.9 255.255.255.255 192.168.11.1

! 配置静态路由

(4)配置无线交换机设备基本信息。

Ruijie(config)♯

Ruijie(config)♯ hostname AC   ! 命名无线交换机

AC(config)♯ vlan 10

AC(config)♯ vlan 20

AC(config)♯ vlan 100

AC(config)♯ wlan-config 1 RUIJIE   ！创建 WLAN,SSID 为"RUIJIE"

AC(config-wlan)♯ enable-broad-ssid   ！允许广播

AC(config-wlan)♯ exit

AC(config)♯

AC(config)♯ ap-group default   ！提供 WLAN 服务

AC(config-ap-group)♯ interface-mapping 1 100

！配置 AP 提供 WLAN 1 接入服务,配置用户的 VLAN 为 100

AC(config-ap-group)♯ exit

AC(config)♯

AC(config)♯ ap-config 001a.a979.40e8   ！登录 AP

AC(config-AP)♯ ap-name AP-1   ！命名 AP

AC(config-AP)♯ exit

AC(config)♯

AC(config)♯ interface GigabitEthernet 0/1

AC(config-if-GigabitEthernet 0/1)♯ switchport mode trunk   ！定义为 trunk 模式

AC(config-if-GigabitEthernet 0/1)♯ exit

AC(config)♯ interface Loopback 0

AC(config-if-Loopback 0)♯ ip address 9.9.9.9 255.255.255.255   ！为环回接口配置 IP 地址

AC(config-if-Loopback 0)♯ exit

AC(config)♯ interface VLAN 20

Ac(config-vlan 20)♯ ip address 192.168.11.1 255.255.255.252

！配置 VLAN 20 接口 IP 地址

AC(config-vlan 20)♯ exit

AC(config)♯ ip route 0.0.0.0 0.0.0.0 192.168.11.2   ！配置默认路由

（5）连接测试。

①在 STA(Station,站)上打开无线功能,这时会接到"RUIJIE"这个无线网络。

②选择此无线网络,单击"连接"按钮。

③连接成功。

（6）连通测试。

①打开命令窗口,使用"ipconfig"命令查看其获取的 IP 地址。

②在命令窗口,使用"ping"命令测试其与网关的连通性。

（7）查看配置结果信息。

AC♯ show ap-config summary

```
......
AC♯  show ac-config client summary by-ap-name
......
AC♯  show capwap state
......
AC♯  show running-config
......
RG-3760E♯  show running-config
......
```

6.4　建采用 WEP 加密方式的无线局域网

1.实验目的

搭建采用 WEP 加密方式的无线网络,掌握 WEP 加密方式的无线网络的概念及搭建方法。

2.实验拓扑

按图 6-9 所示的网络拓扑,组建无线局域网,注意接口标识,保持后续配置一致。

图 6-9　开放式无线接入服务

3.实验设备

无线 AP(1 台),三层交换机(1 台),POE 电源模块 RG-E-130(1 台),无线控制器(1 台),无线网卡(1 块,可选),测试笔记本或 PC(2 台),网络(若干)。

4.实验原理

使用 WEP 加密方式的无线局域网络是采用共享密钥形式的接入、加密方式,即在 AP 上设置相应的 WEP 密钥,在客户端也需要输入和 AP 端一样的密钥才可以正常接入,并且 AP 与无线客户端的通信也通过了 WEP 加密。这样一来,即使中途有人抓取到无线数据包,也得不到里面相应的内容。

但是,WEP 加密方式存在漏洞,现在有些软件可以对此密钥进行破解,所以它不是最安全的加密方式。但是由于大部分的客户端都支持 WEP,所以现在 WEP 的应用场合还是很多。

采用 WEP 加密的无线接入服务,能够保证无线网络的安全性。用户连接该无线网络需要输入预先设定的加密密钥,若不输入密钥或者输入错误的密钥,则用户不能接入网络。

5.实验步骤

(1)基本拓扑连接。

根据图 6-9 所示的拓扑图,将设备连接起来,并注意设备状态灯是否正常。

(2)配置三层交换机设备的基本信息。

```
Switch (config)＃
Switch (config)＃ hostname RG-3760E                        ! 为交换机命名
RG-3760E (config)＃ vlan 10                                ! 创建 VLAN 10
RG-3760E (config)＃ vlan 20
RG-3760E (config)＃ vlan 100


RG-3760E (config)＃ service dhcp                           ! 启用 DHCP 服务
RG-3760E (config)＃ ip dhcp pool ap-pool                   ! 创建地址池,为 AP 分配 IP 地址
RG-3760E (dhcp-config)＃ option 138 ip 9.9.9.9
               ! 配置 DHCP 选项,地址为 AC 的环回接口地址
RG-3760E (dhcp-config)＃ network 192.168.10.0 255.255.255.0   ! 指定地址池
RG-3760E (dhcp-config)＃ default-router 192.168.10.254         ! 指定默认网关
RG-3760E (config)＃ ip dhcp pool vlan100                  ! 创建地址池,为用户分配 IP 地址
RG-3760E (dhcp-config)＃ domain-name 202.106.0.20            ! 指定 DNS 服务器
RG-3760E (dhcp-config)＃ network 192.168.100.0 255.255.255.0   ! 指定地址池
RG-3760E (dhcp-config)＃ default-router 192.168.100.254        ! 指定默认网关


RG-3760E (config)＃ interface VLAN 10
RG-3760E (config-VLAN 10)＃ ip address 192.168.10.254 255.255.255.0
RG-3760E (config)＃ interface VLAN 20
RG-3760E (config-VLAN 20)＃ ip address 192.168.11.2 255.255.255.0
RG-3760E (config)＃ interface VLAN 100
RG-3760E (config-VLAN 100)＃ ip address 192.168.100.254 255.255.255.0
RG-3760E (config)interface GigabitEthernet 0/25
RG-3760E (config-if-GigabitEthernet 0/25)＃ switchport access vlan 10
               ! 将接口加入 VLAN10
RG-3760E (config)interface GigabitEthernet 0/26
RG-3760E (config-if-GigabtEbhenet 0/26)＃ switchport mode trunk
```

！将接口设置为 trunk 模式

RG-3760E（config）# ip route 9.9.9.9 255.255255255 192.168.11.1

！配置静态路由

（3）无线交换机配置。

Ruijie（config）#

Ruijie（config）# hostname AC　　　　　　　　　　！命名无线交换机

AC（config）# vlan 10　　　　　　　　　　　　　！创建 VLAN10

AC（config）# vlan 20

AC（config）# vlan 100

AC（config）# wlan-config 1 RUIJIE　　　　　　　！创建 WLAN，SSID 为 RUIJIE

AC（config-wlan）# enable-broad-ssid　　　　　　！允许广播

AC（config）# ap-group default　　　　　　　　　！提供 WLAN 服务

AC（config-ap-group）# interface-mapping 1 100

！配置 AP 提供 WLAN 1 接入服务，配置用户的 VLAN 为 100

AC（config）# ap-config 001a.a979.40e8　　　　　！登录 AP

AC（config-AP）# ap-name AP-1　　　　　　　　　！命名 AP

AC（config）# interface GigabitEthernet 0/1

AC（config-if-GigabitEthernet 0/1）switchport mode trunk　　　！定义为 trunk 模式

AC（config）# interface Loopback 0

AC（config-if-Loopback 0）# ip address 9.9.9.9 255.255.255.255　　！为环回接口配置 IP 地址

AC（config）# interface VLAN 10

AC（config）# interface VLAN 20

AC（config-vlan 20）# ip address 192.168.11.1 255.255.255.252

AC（config）# interface VLAN 100

AC（config）# ip route 0.0.0.0 0.0.0.0 192.168.11.2　　！配置默认路由

（4）配置 WEP 加密。

AC（config）# wlansec 1

AC（wlansec）# security static-wep-key encryption 40 ascii 12345

！配置 WEP 加密，其口令为"12345"

（5）连接测试。

①在 STA 上打开无线功能，这时会扫描到无线网络"RUIJIE"。

②选择此无线网络，单击"连接"按钮。

③提示输入口令。

④连接成功。

⑤打开命令窗口，使用"ipconfig"命令查看其获取的 IP 地址。

⑥在命令窗口，使用"ping"命令测试其与网关的连通性。

（6）在无线交换机上查看状态信息。

AC# show ap-config summary

……

AC# show ac-config client summary by-ap-name

……

计算机网络实验教程

```
AC#show capwap state
……
AC#show wlan security 1
……
RG-3760E#show running-config
……
```

6.注意事项

WPA(Wi-Fi Protected Access,Wi-Fi 保护访问)是 Wi-Fi 商业联盟在 IEEE 802.11i 草案的基础上制定的一项无线局域网安全技术,其目的在于代替传统的 WEP 安全技术,为无线局域网硬件产品提供一个过渡性的高安全解决方案,同时保持与未来安全协议的向前兼容。可以把 WPA 看作 IEEE802.11i 的一个子集,其核心是 IEEE 802.1X 和 TKIP。

无线安全协议发展到现在,有了很大的进步。加密技术从传统的 WEP 加密到 IEEE 802.11i 的 AES-CCMP 加密,认证方式从早期的 WEP 共享密钥认证到 802.1X 安全认证。新协议、新技术的加入,同原有 802.11 混合在一起,使得整个网络结构更加复杂。

现有的 WPA 安全技术允许采用更多样的认证和加密方法来实现 WLAN 的访问控制、密钥管理与数据加密。例如,接入认证方式可采用预共享密钥(PSK 认证)或 802.1X 认证,加密方法可采用 TKIP 或 AES。WPA 同这些加密、认证方法一起保证了数据链路层的安全,同时保证了只有授权用户才可以访问无线网络 WLAN。

116

应 用 篇

第7章
Linux系统下的网络组建

7.1 操作系统的安装

1.实验目的

掌握 Linux 操作系统一般的安装过程。

2.实验环境

(1)一台 PC,要求有 5 GB 以上的硬盘空间。

(2)Red Hat Linux 9 安装盘 1 套(3 张 CD 光盘)。

3.实验步骤

(1)安装准备

①了解 PC 系统硬件信息。为了能够顺利地安装和设置 Linux 系统,必须了解 PC 系统的详细信息以备安装使用。需要了解的信息包括硬盘的容量和类型、内存数量、光驱接口、网卡型号、鼠标类型、显示器类型及显示卡类型。必要时,可以使用 Windows 系统中的设备管理器来确定这些硬件信息。

②分配硬盘空间。如果计算机已经安装了 Windows 操作系统,应有足够的未分区的磁盘空间来安装 Red Hat Linux。如果选择"个人桌面安装"(包括图形化桌面环境)至少需要 1.7 GB 的未用空间;如果选择"服务器安装"(包括 GNOME 和 KDE 桌面环境的所有软件包)至少需要 5.0 GB 的未用空间。如果 PC 还没有安装操作系统,则可直接进行下述安装过程。

(2)安装过程

使用 Red Hat Linux 9 的安装光盘从光驱来安装 Linux 操作系统的步骤如下:

①使用 Linux 引导程序启动程序。修改 PC 机 BIOS 中的启动方式为光盘启动,插入 Red Hat Linux 的第 1 张安装光盘,然后重新启动计算机。进入安装光盘的引导界面后,按回车键进行默认安装。

②进入"欢迎使用 Red Hat Linux"界面,从左侧面板的帮助中获得附加信息,也可选择"隐藏帮助";单击"下一步"按钮继续安装。

③选择安装语言。选择"简体中文"为默认的安装语言,单击"下一步"按钮继续安装。

④键盘配置。选择系统默认的键盘布局类型(如美国英语),然后单击"下一步"按钮。

⑤配置鼠标,为系统选择正确的鼠标类型。如果找不到完全匹配的类型,可选择你认为能与系统兼容的鼠标类型,通常选择 3 键鼠标(PS/2 接口或 USB 接口)。

⑥安装类型。进入"安装类型"界面后,可按照实际需要选择安装的类型。我们选择具有 Linux 服务器功能的"服务器"方式进行安装。

⑦磁盘分区设置。安装 Linux 至少需要两个分区:Linux Native(主)分区和 Linux Swap(交换)分区。主分区用于存放 Linux 系统文件,交换分区为 Linux 提供虚拟缓存。

如果对系统分区不了解,可选择"自动分区"。在接下来的"自动分区"界面中选择"删除系统所有的 Linux 分区",可将以前所安装的 Linux 系统分区删除并重新分区。如果以前没有安装过 Linux,则选择"保存所有分区,使用现有的未用空间"。

若选择"手动分区",则在"磁盘设置"界面中,单击"新建"按钮,新建根分区和交换分区,在如图 7-1 所示的界面中编辑。新建根分区的挂载点为/,文件系统类型为 ext3,大小不小于 5 GB。主分区中包括一个 100 MB 的 boot 分区,包含操作系统的内核(允许系统引导 Red Hat Linux),以及其他几个在引导过程中使用的文件。交换分区的文件类型为 swap,大小约为内存的两倍(至少 32 MB),交换分区用来支持虚拟内存。

图 7-1　添加分区

⑧引导装载程序配置。选择引导装载程序,安装程序会提供两个引导装载程序:GRUB 和 LILO。默认的引导装载程序是 GRUB。被检测到的操作系统会列在如图 7-2 所示的列表中,可点选改变默认引导的操作系统。图 7-2 表明开机时默认的是 Linux 操作系统。

图 7-2　检测到的操作系统

⑨网络配置。进入"网络配置"界面(图 7-3),对网络设备进行联网配置。安装程序

会自动检测系统具有的网络设备,并显示在"网络设备"列表中。选定网络设备后,单击
"编辑"按钮。在弹出的"编辑接口"窗口,可以选择通过DHCP(动态主机配置协议)来配
置网络设备的IP地址和子网掩码,或进行手动配置;可以选择在"引导时激活"该设备,这
样网络接口就会在引导时被启动。

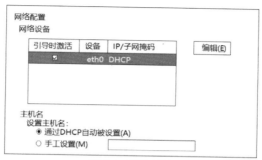

图 7-3　网络配置

如果网络设备有一个主机名(全限定域名),可以选择通过DHCP自动检测,或者在
提供的字段中手动输入主机名。如果输入IP地址和子网掩码信息,可能还要输入网关及
首选、备用的DNS地址。

⑩防火墙配置。防火墙位于PC和网络之间,用来限制网络中的远程用户有权访问
本PC上的哪些资源。一个正确配置的防火墙有助于增加系统的安全性。

⑪附加语言支持,要在系统上使用多种语言,可具体指定要安装的语言,或者选择在
Red Hat Linux系统上安装所有可用语言,系统默认的语言为汉语。可用"重设"按钮来
更改所选语言。

⑫时区设置。若在安装过程③的"语言选择"中选择"简体中文",此处会默认为"亚
洲/上海"。

⑬根口令设置。只有在进行系统管理时才使用根账号。要求根口令长度至少为
6位。

⑭选择软件包组。要在"接受当前软件包列表"或"定制要安装的软件包集合"中做出
选择。一般选择前者,安装程序会自动选择多数软件包。要选择单个软件包,应选择"定
制要安装的软件包集合",进入"选择软件包组"界面,根据不同的需要来选择需要安装的
软件包组。选定软件包组后,可单击"细节"来查看哪些软件包会被默认安装,还可以在该
组中添加或删除可选软件包,也可以通过"选择单个软件包"来选择单个的软件包。

⑮安装软件包。开始安装软件包,安装的时间与选择安装的软件包的大小和机器的
性能有关,注意按照提示插入光盘。

⑯创建引导盘。在磁盘驱动器内插入一张空白的、已格式化的磁盘,然后单击"下一
步"按钮,稍候片刻,就会创建引导盘。创建完成后,取出引导盘并为其加注标签。

⑰视频卡和显示器配置。在"图形化界面配置"中,根据视频卡内存实际长度配置视
频卡。安装程序会提供一个显示器列表,既可以使用自动检测到的显示器,也可以在这个
列表中选择其他的显示器。

⑱定制配置。如果执行的是定制或服务器安装,可以选择在安装结束后,系统引导将进入文本环境还是图形化环境。除非有特殊需要,推荐引导进入图形化环境(与 Windows 环境相似),否则将看到具有命令提示的文本环境(与 DOS 环境相似)。

⑲安装完成。安装程序会提示做好重新引导系统的准备,取出光盘驱动器中的光盘。

⑳计算机完成正常的自检后,应该能看到图形化的引导装载程序提示,选择引导 Red Hat Linux。此时,应该看到显示的一行一行的启动信息,最终可看到一个"login:"提示或 GUI 登录屏幕。

4.相关概念

(1)Linux 操作系统简介

Linux 是一个以 Intel 系列 CPU 为硬件平台、完全免费的类 UNIX 兼容系统,完全适用于 PC。它本身就是一个完整的 32 位的多用户、多任务操作系统,因此不需要预先安装其他的操作系统,就可以直接进行安装。1991 年,一位芬兰大学生 Linux Torvalds 编写了 0.02 版 Linux 内核程序,其后,因特网上的 Linux 社团通过协作交流,对其不断完善,最终形成了现在的 Linux。Linux 不属于任何一家公司或个人,任何人都可以免费取得甚至修改它的源代码。Linux 上的大部分软件都是由 GNU 倡导发展起来的,所以软件在具有 GNU Public License(GPL)的情况下自由传播。

从技术上说,Linux 具有以下特点:先进的网络支持,内置 TCP/IP 协议;是多任务、多用户操作系统;与 UNIX 系统在源代码级兼容,符合 IEEE POSIX 标准;内核能仿真 FPU;支持数十种文件系统格式;完全运行于保护模式,充分利用了 CPU 性能;开放源代码,用户可以自行对系统进行改进;采用先进的内存管理机制,从而更加有效地利用物理内存。

(2)Linux 系统的安装方式

一般来说,Red Hat Linux 系统有 4 种安装方式:

①从光驱使用光盘安装(推荐)。通过光驱和 Red Hat Linux 光盘进行安装是比较常用的方式。

②从硬盘驱动器安装。可以使用将 Red Hat Linux ISO 映像复制到本地硬盘驱动器中进行安装的方法,同时还需要一个系统引导盘。

③从 NFS 映像安装。如果是从一个 NFS 服务器中使用 ISO 映像来安装,可以使用这种方法。

④从 FTP/HTP 服务器安装。需要一个网络驱动程序盘,从 FTP/HTP 服务器中直接安装。

5.注意事项

如果 PC 已经安装了 Windows 操作系统,没有为 Linux 系统预留空间应该如何操作?

我们首先要在 Windows 操作系统下使用磁盘碎片整理程序整理硬盘分区中的碎片,然后使用分区工具软件给 Linux 系统分配一定的可用硬盘空间。重启系统并运行分区工具 Partition Magic,选中要调整(减小)容量的分区,单击右键,在弹出的菜单中选择"调整容量/移动"来改变该分区长度(不要拉入数据区),使未分配的空间长度为 5 GB,确定后执行分区操作。重新启动计算机,就可以安装 Linux 系统了。

7.2 用户、组的管理

1.实验目的

(1)掌握通过命令行和图形界面管理用户和组的技能。

(2)深入理解 Linux 操作系统下用户和组的概念。

2.实验环境

一台 PC(安装了 Red Hat Linux 9 操作系统,含 X 窗口系统)。

3.实验过程

(1)命令行操作

①登录和退出系统。要登录系统或更换登录身份,可使用"login *username*"命令,系统会询问口令,等待用户输入。

注意,Linux 系统在输入口令时,屏幕没有任何显示。

要退出系统,可使用"logout"命令。logout 命令和 login 命令相对应。

要退出当前的 shell,可使用"exit"命令。

要关闭系统,可使用"halt"或"shutdown-hnow"命令。

②创建和删除用户。要创建一个新的用户账号,可使用"useradd〔opion〕<username>"命令。

useradd 的命令行选项见表 7-1。

表 7-1　　　　　　　　　　　　useradd 的命令行选项

选　项	描　述
-c comment	用户的注释
-d home-dir	用来取代默认的 /home/username 主目录
-e date	禁用账号的日期,格式为 YYYY-MM-DD
-f days	口令过期后,账号禁用前的天数(若指定为 0,账号在口令过期后会被立刻禁用。若指定为－1,口令过期后,账号将不会被禁用)
-g group-name	用户默认组群的组群名或组群号码(该组群在指定前必须存在)
-p password	使用 erypt 加密的口令
-u uid	用户的 ID,它必须是唯一的,且大于 499

要给某账号开锁并设置新口令,可使用"passwd <username>"命令。

要改变用户的属性,可使用"usermod〔option〕<username>"命令。usermod 的命令行选项见表 7-2。

表 7-2 usermod 的命令行选项

选 项	描 述
-u *uid*	更改用户 ID
-g *group*	修改用户的组
-d *home*	更改用户的主目录
-e *comment*	修改用户注释
-l *newname*	修改用户名
-e *expire*	用户账号过期的日期,格式为 YYYY-MM-DD
-p *passwd*	更改用户口令

要删除用户,可使用"userdel ＜username＞"命令。

在下例中,我们先创建一个名为"cql"的用户,其全称(即为用户注释)为"changqianglin",口令为"testing",然后将该用户的 ID 改为 511,最后删除该用户。

先输入命令"useradd cql-c chagqianglin",按回车键后,即创建了"cql"用户,其注释为"changqianglin"。

再输入命令"passwd cql",按回车键后,系统提示:"Changing password for user cql. New password:",此时键入命令"testing",即将用户"cql"的口令设为 testing 了。

键入命令"usermod-u 511 cql",即将用户 ID 改为 511。

键入命令"userdel cql",即可将用户"cql"删除。

③创建和删除用户组。

要创建新组,可使用"groupadd ［opion］ ＜group-name＞"命令。groupadd 的命令行选项参见表 7-3。

表 7-3 groupadd 的命令行选项

选 项	描 述
-g *gid*	组群的 ID,它必须是唯一的,且大于 499
-r	创建小于 500 的系统组群

要修改组的属性,可使用"groupmod ［option］ ＜group_name＞"命令,groupmod 的命令行选项参见表 7-4。

表 7-4 groupmod 的命令行选项

选 项	描 述
-g *gid*	更改组群的 ID
-n *group_name*	更改组群名称

要删除组,可使用"groupdel ＜group_name＞"命令。

④查看登录用户和系统进程。要查看目前系统中有哪些使用者,可使用"who ［option］",显示的资料包含使用者 ID、使用的终端机、上线时间、滞留时间、CPU 使用量和动作等。who 的命令行选项参见表 7-5。

表 7-5   who 的命令行选项

选 项	描 述
-a	登录用户的全部信息
-b	上一次系统启动的时间

要显示进程的状态,可使用"ps［option］"命令。ps 的命令行选项参见表 7-6。

表 7-6   ps 的命令行选项

选 项	描 述
-a	列出所有的进程
-w	显示加宽,可以显示较多的信息
-au	显示较详细的信息
-aux	显示所有包含其他使用者的进程

（2）通过图形界面操作

①登录和注销系统。

登录系统,开机后按要求输入用户名和口令,即可成功登录。

单击面板上的"主菜单/注销"按钮或同时按下 Alt＋Ctrl＋Del 键,进入注销界面。若要更换登录身份,可选择"注销"按钮,在稍后的欢迎界面中按提示输入用户名和口令;若要重新启动系统,则选择"重新启动"按钮;若要关闭系统,应选择"关机"按钮。

②创建、删除用户和组。

我们可使用"用户管理器"来查看、修改、添加和删除本地用户或组群,要使用"用户管理器",必须运行 X 窗口系统,并且安装 redhat-config-users RPM 软件包,要从桌面启动用户管理器,单击面板上的"主菜单/系统设置/用户和组群",或在 shell 提示（如 XTerm 或 GNOME 终端）下键入"redhat-config-users"命令。

要创建新用户,可单击"添加用户"按钮,将出现如图 7-4 所示的对话框。在相应的字段内建入新用户的用户名和全称,在"口令"和"确认口令"字段内键入口令。口令必须至少含有 6 个字符。

要修改用户属性,可单击"用户"选项卡选择用户,然后单击"属性",或双击"用户",即进入用户属性界面（图 7-5）。

图 7-4   创建新用户 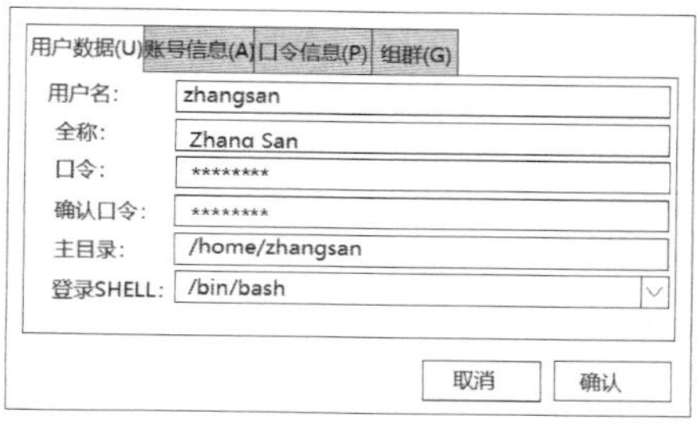   图 7-5   用户属性

"用户属性"对话框含有多个选项卡,各选项卡的作用如下:

• 用户数据:显示添加用户时配置的基本用户信息。这个选项卡可改变用户的全称、口令、主目录或登录 shell。

• 账号信息:如果想让账号在某一固定日期过期,可选择"启用账号过期",在提供的字段内输入日期。选择"用户账号已被锁"来锁住用户账号,从而使用户无法登录系统。

• 口令信息:这个选项卡显示了用户口令最后一次被改变的日期。要强制用户在一定天数之后改变口令,可选择"启用口令过期"。还可以设置允许用户改变口令前要经过的天数,警告用户改变口令前要经过的天数,以及账号变为不活跃之前要经过的天数。

• 组群:选择想让用户加入的组群以及用户的主要组群。

要想删除用户,则先选中要删除的用户,然后单击"用户管理器"上方的删除图标即可将用户删除。

要添加新用户组群,可单击"用户管理器"中的"添加组群"按钮,出现如图 7-6 所示的对话框。先键入要创建的组群名,要为新组群指定组群 ID,选择"手工指定组群 ID",然后选择 GID。Red Hat Linux 把低于 500 的组群 ID 保留给系统组群。设置完成后单击"确定"按钮,即可创建组群。新组群会出现在组群列表中。

要查看某一现有组群的属性,可从组群列表中选择该组群,然后在按钮菜单中单击"属性"(或选择下拉菜单"文件/属性"),将出现如图 7-7 所示的对话框。

图 7-6 "添加组群"对话框　　　　图 7-7 "查看组群属性"对话框

要删除组群,应先选中要删除的组群,然后单击"用户管理器"上方的删除图标即可将组群删除。

③查看登录用户和系统进程。

单击"主菜单/系统工具/系统监视器",可以查看登录用户、进程列表以及 CPU、内存的使用情况。

4.相关概念

(1)shell 程序简介

shell 是用户和 Linux 内核之间的接口程序。在提示符下输入的每个命令,都先由 shell 解释然后传给 Linux 内核。shell 是一个命令语言解释器,拥有自己内建的 shell 命令集。此外,shell 也能被系统中其他的 Linux 应用程序调用。一些命令,如打印当前工作目录命令(pwd),是包含在 Linux bash 内部的(就像 DOS 的内部命令)。其他命令,比如拷贝命令(cp)和移动命令(mv),是存在于文件系统中某个目录下的单独的程序。对用户而言,不必关心命令是建立在 shell 内部还是在一个单独的程序中。

（2）用户和组概念

因为 Linux 是多用户、多任务系统,每一个使用者都有可能将其工作的内容或一些机密性的文件放在 Linux 工作站上,所以要明确规定各个文件或目录的归属和使用权。为了使个人文件保持专用,需要给每个用户指派一个单独的用户名,即登录到系统的账号。为了保证账号的安全,每个账号对应着一个口令,这就构成了用户管理的基本结构。此外,每个用户(包含 root)都应为自己目录下的文件明确地赋予合适的权限,以便维护自身的文件安全,避免造成不必要的损失。

每个用户都属于特定的用户组,而用户组是一些具有相同特性的用户集合。Linux是多用户操作系统,它根据各个用户所享有的文件权限而分为不同的用户组。一个用户至少属于一个用户组,该组就是用户的基本组,同时还可属于其他的附加组。

5.注意事项

（1）用命令行操作时,可以结合图形窗口界面来检查命令操作是否正确。

（2）对一个命令的用法不了解时,可以键入"man *command_name*"来查询该命令的用法以及参数。

7.3　文件系统管理

1.实验目的

（1）掌握文件与目录的操作方法和管理文件系统的技能。

（2）深入理解 Linux 操作系统的文件结构。

2.实验环境

（1）PC 一台(已安装 Red Hat Linux 9 操作系统)。

（2）软盘、光盘各一张。

3.实验过程

（1）命令行操作

①操作文件和目录。文件和目录的常用操作包括:列出目录内容,改变权限,复制、移动、删除文件或目录,连接、查找文件或目录等。

要列出某目录下的文件和目录,可使用命令"ls",其命令行选项见表 7-7。

表 7-7　　　　　　　　　　　　　　　　ls 命令行选项

选　项	描　　述
-l	每列仅显示一个文件或目录名称并使用详细格式列表
-a 或--all	显示该目录下所有文件和目录
-c	更改时间排序,显示文件和目录
-s 或--size	显示文件和目录的长度,以区块为单位
-S	根据文件和目录的长度排序
-u	根据最后存取时间排序,显示文件和目录
-n	以用户识别码和群组识别码替代其名称

例如,要列出/home 目录下所有文件和目录,命令为"ls/home-a"。

改变文件或目录的权限,使用命令"chmod",其命令格式为"chmod［option］＜file_name＞｜＜directory_name＞",常用形式为"chmod-v［3 位数字］＜file_name＞｜＜directory_name＞",该命令可用于改变不同用户对文件的读、写、执行权限。

权限范围的表示法如下:

- u(user):文件或目录的拥有者。
- g(group):文件或目录的所属群组。
- o(other):除文件或目录拥有者或所属群组之外,其他用户皆属于这个范围。

权限的数字代号表示如下:

- r:读取权限,数字代号为 4。
- w:写入权限,数字代号为 2。
- x:执行或切换权限,数字代号为 1。
- -:不具任何权限,数字代号为 0。

如果希望将目前所在的目录下的 team 文件的权限设定为:文件拥有者可读、写、执行,同组用户可读,其他用户不具有任何权限,则相应的命令为"chmod-v 740 team"。

3 位数字代号依次为文件或目录所有者、同组用户和其他用户,将每一类用户读写执行权限的数字代号按十进制加法相加,得到的结果即为该类用户权限的数字代号。如 team 文件的拥有者有读取权限,数字代号为 4;有写入权限,数字代号为 2;有执行或切换权限,数字代号为 1,则各权限的数字代之和为 4+2+1=7。输入上述命令后,team 的权限模式更改为 0740(rwxr-----)。

列出文件或目录信息使用命令"more",其命令格式为"more ＜file_name＞｜＜directory_name＞"。如果 more 后为目录名,则返回信息"＊＊＊ ＜directory_name＞:directory＊＊＊";如果 more 后为文件名,则列出该文件的内容。若文件内容超过一屏,在命令窗口的最下方会提示"--more--(0)",百分数表示本屏列出内容占该文件总内容的百分比,按回车键可显示文件的下一行,直到文件结束回到命令行为止。

复制文件或目录使用命令"cp",其命令格式为"cp［option］＜source_file｜directory＞＜destination_file｜directory＞",该命令将＜source_file｜directory＞复制为＜destination_file｜directory＞。或＜destination_file｜directory＞存在,则覆盖＜destination_file｜directory＞;若不存在,则创建新的名为＜destination_file｜directory＞ 的文件或目录。

例如,复制目录/home/user1/下的文件 test.dat 至目录/home/user2/下且改名为 test.txt,需要键入命令"cp/home/user1/test.dat/home/user2/test.txt"。

cp 的命令行选项见表 7-8。用户回答系统的询问时,输入字母"y"表示肯定回答,输入字母"n"表示否定回答。

表 7-8   cp 的命令行选项

选　项	描　述
-i 或--interactive	覆盖已有文件之前先询问用户
-f 或--force	强行复制文件或目录,不论目标文件或目录是否已存在

移动或更名现有的文件或目录的命令为"mv",其命令格式为"mv [option] ＜source_file｜directory＞＜destination_file｜directory＞",常用选项及选项功能同"cp"命令。下面介绍 mv 命令的参数的功能。

• "mv [option] ＜source_file＞＜destination_file＞":若＜destination_file＞存在,则用＜source_file＞覆盖＜destination_file＞;若＜destination_file＞不存在,则将＜source_file＞改名为＜destination_file＞。

• "mv [option] ＜source_file＞＜destination_directory＞";将＜source_file＞文件移动到＜destination_directory＞目录中。

• "mv [option] ＜source_directory＞＜destination_directory＞": 若＜destination_directory＞存在,则将＜source_directory＞目录移动到＜destination_directory＞目录中;若不存在,则将＜source_directory＞目录更名为＜destination_directory＞。

例如,要将目录/home/user2/下的文件 test.txt 更名为 test.dat,则需要键入命令"mv/home/user2/test.txt/home/user2/test.dat"。

mv 的命令行选项见表 7-9。

表 7-9　　　　　　　　　　　　　mv 的命令行选项

选　项	描　述
-i 或--interactive	覆盖前先询问用户
-f 或--force	若目标文件或目录与现有的文件或目录重复,则直接覆盖现有的文件或目录

删除文件或目录的命令为"rm",删除文件的命令格式为"rm [option] ＜file_name＞";删除目录的命令格式为"rm-r [option] ＜directory_name＞",-r 表示递归删除该目录下的所有目录层。

例如,要删除目录/home/user2/下的文件 test.dat,需要键入命令"rm/home/user2/test.dat"。

rm 的命令行选项见表 7-10。

表 7-10　　　　　　　　　　　　　rm 的命令行选项

选　项	描　述
-i 或--interactive	删除已有文件或目录前先询问用户
-f 或--force	强制删除文件或目录

连接文件或目录的命令为"ln",其命令格式为"ln ＜source-file＞＜destination_file｜directory＞"。

Linux 的目录系统中有所谓的链接(link),我们可以将其视为目录的别名,而链接又可分为两种。硬链接(hard link)与软链接(symbolic link)。硬链接是指一个目录可以有多个名称,而软链接方式则是产生一个特殊的目录,该目录的内容指向另一个目录的位置。硬链接存在于同一个目录系统中,而软链接却可以跨越不同的目录系统。

例如,链接目录/home/user1/下的文件 test.dat 至目录/home/user2/下且改名为test.txt,需要键入的命令为"ln/home/user1/test.dat/home/user2/test.txt"。

ln 命令用于链接文件或目录,如果同时指定两个以上的文件或目录,且目的地是一个已经存在的目录,则会把前面指定的所有文件或目录复制到该目录中。

查找文件或目录的命令为"find",其命令格式为"find <filename>"。任何位于参数之前的字符串都将被视为欲查找的文件或目录。

find 的命令行选项见表 7-11。

表 7-11 find 的命令行选项

选 项	描 述
-amin n	在过去 n 分钟内读取过的文件或目录
-anewer *file*	比文件或目录 *file* 更晚读取的文件或目录
-atime n	在过去 n 天读取过的文件或目录
—cmin n	在过去 n 分钟内修改过的文件或目录
-ctime n	在过去 n 天修改过的文件或目录
-empty	空的文件或目录
-ipath p, -path p	路径名称符合 p 的文件或目录,ipath 会忽略大小写
-name<范本样式>	指定字符串作为寻找文件或目录的范本样式

②目录的专用操作。目录的专用操作包括切换目录、创建或删除目录及显示当前的工作目录。

切换目录的命令为"cd <dir_name>",其作用是变换工作目录至 dir_name,但该用户必须拥有进入目的目录的权限。dir_name 可采用绝对路径或相对路径的形式来表示。若<dir_name>为".",则表示当前所在的目录;若<dir_name>为"..",则表示当前目录位置的上一层目录。

创建新的目录的命令为"mkdir <dir_name>"。

删除目录的命令为"rmdir <dir_name>",注意这个命令删除名为<dir_name>的空目录。

显示当前工作目录的命令为"pwd"。

检查并修复文件系统的命令为"fsck",当文件系统发生错误时,可用 fsck 命令尝试修复。

③文件系统的装入和卸载。文件系统包括硬盘、软盘和光盘,Linux 操作系统的文件系统在装入目录树后方可使用。

要装入硬盘,首先在/mnt 下创建目录 mydata 和 dos,mydata 用于装入 Linux 系统的硬盘分区,dos 用于装入 MS-DOS 系统的硬盘分区。然后在"主菜单/系统工具/硬件浏览器"中的"硬盘驱动器"查看 Linux 系统和 MS-DOS 系统下的硬盘分区的名称(可通过设备的类型来判断,ext 通常为 Linux 系统,fat 为 MS-DOS 系统)。假设 hda1 为 MS-DOS 系统下的一个硬盘分区,hda4 为 Linux 系统下的一个硬盘分区,Linux 系统的 hda4 硬盘分区的装入命令为"mount-text2/dev/hda4/mnt/mydata";MS-DOS 系统的 hda1 硬盘分区的装入命令为"mount -t msdos/dev/hda1/mnt/dos"。进入"/mnt/mydata"或"/mnt /dos",即可访问硬盘分区。要卸载文件系统,一定要先离开该文件系统装入的目录,再使用卸载命令,如上述两个硬盘分区的卸载命令分别为"umount/mnt/mydata"和"umount/mnt/dos"。

要装入软盘,首先在软盘驱动器内插入软盘,然后在 shell 中键入命令"mount/mnt/floppy",然后用"cd/mnt/floppy"命令切换至软盘目录。卸载方法是键入命令"umount/mnt/floppy"。装入和卸载光盘只需将上述命令中 floppy 改为 cdrom 即可。如果结束对第一张软盘的访问,则插入第二张软盘前要先卸载第一张软盘。

④查看命令帮助。Linux 操作系统的命令很多,而且每条命令的格式、参数多种多样,初学者很难完全记清楚。shell 提供了查看命令的帮助,即键入"man<命令名称>",系统就会列出命令的详细介绍,包括命令的作用、需要的参数、参数的意义等。可按方向键进行查看,或按"PageUp""PageDown"键查看上一屏、下一屏。按 q 键可退出,回到 shell。

⑤命令练习。用命令行按顺序完成下列操作:

a.列出一张软盘或光盘的目录和文件。

b.在/home 目录下创建 my 和 your 两个目录。

c.将软盘或光盘中的一个文件拷贝到 my 目录下。

d.显示该文件的内容。

e.用 Vi 编辑器对该文件进行编辑(参见下文"文本编辑器"的介绍)。

f.将该文件移动到 your 目录下,改名为 new。

g.将文件权限改为:文件拥有者可以读取、修改,同组用户可读取、执行,其他用户仅可以执行。

h.再将文件链接到/home 目录下。

i.最后将 my 目录删除。

(2)Vi 编辑器

Vi 编辑器是 Linux 系统使用的标准编辑器,它应用广泛,处理能力强,但是使用起来非常复杂,包含大量命令,通常还可以用很多有细微差别的方法来完成相同的操作。这里,只介绍 Vi 编辑器的常用命令。

Vi 编辑器有两种独立的操作模式:命令模式和输入模式。在命令模式下,所有的键入都作为命令来接收;在输入模式下,所有的输入都作为正文来接收。进入 Vi 编辑器时一般处于命令模式,键入"a"或"i"进入输入模式,在输入模式下键入"ESC"将进入命令模式。在命令模式下键入":",进入底行命令模式,在该模式下,键入编辑命令,然后按回车键,执行该命令并退回到命令模式下。

创建、打开文件时,在 shell 命令行中键入 Vi 及要编辑的文件名。若文件名不存在,则系统创建该文件;若文件名存在,则打开该文件。例如,要打开已存在的 booklist 文件,键入"Vi booklist"命令。但编辑一个新创建的文件时,在屏幕上没有字符,只在左边一列有"~"符号,该符号表示屏幕此部分不是文件内容。

要保存文件,可在编辑完文本后,键入"ESC"进入命令模式,键入大写字母"ZZ",将先保存该文件然后退出编辑器回到 shell 中。若只保存文件而不退出,则应该进入命令模式并键入":",键入"w"并按回车键(即使用":w"命令),同时编辑器回到命令模式下。

用户也可以在 shell 中键入"Vi"进入编辑器,不指定编辑的文件名,系统将默认用户在一个未命名文件中编辑文本,此时禁止使用"ZZ"命令退出当前的编辑工作,可以进入底行命令模式并键入"w"及文件名,然后按回车键。

可以使用":q"命令退出编辑器。若文件在上一次保存之后做了修改,则该命令失效,可使用":！q"命令强制退出编辑器,但不保存上一次保存后的任何修改。

Vi 编辑器的常用操作命令如下:

• 光标移动命令:在命令模式下,利用 h、j、k、l 命令可执行光标移动操作。h 表示左移,j 表示右移,k 表示上移,l 表示下移。G 命令(大写)表示光标移动到文件尾部,数字＋G(大写)表示光标移动到数字指定的行。

• 输入命令:利用 a、i、o 命令可执行输入命令。用 a 命令进入输入模式,编辑器将在光标所在字符后输入文本;用 i 命令进入输入模式,编辑器将在光标所在字符前输入文本;用 o 命令进入输入模式,编辑器将在光标所在行下插入新的一行,光标位于行首。

• 删除命令:键入 x,将删除光标所在位置的任何字符;dd 命令将删除(或剪切)光标所在行。

• 修改命令:cc 命令将删除光标所在行的所有文本并进入输入模式;r 命令将删除光标位置的任何字符并进入输入模式。

• 取消操作:u 命令将文本恢复到上次保存时的状态。

• 重复因子:除 G 命令外,在任何命令前键入数字,表示该命令执行的次数。例如,3x命令将删除三个字符,2dd 命令将删除两行。

• 行的拆分与合并:在输入模式下按回车键,将光标后的文本拆分到下一行;在命令模式下执行 J 命令(大写),会将光标所在行的下一行合并到光标所在行的行尾。

• 移动、拷贝命令:dd 命令可剪切一行,将光标移动到要插入的行上,键入 p 命令,将所剪切的行插入光标所在的行之后;yy 命令用于拷贝文本行,然后用 p 命令插入。

• 搜索命令:键入"?"或"/"命令,shell 底部将出现一行,"?"或"/"位于行首,键入要搜索的字符串,执行命令。"?"命令由尾部向前搜索,"/"命令由首部向后搜索。键入 n 命令可重复搜索。

4.相关概念

(1)Linux 文件系统

Linux 文件系统的目录树可以分为不同的部分,每个部分在自己的磁盘或分区上。主要部分是根、/usr、/var 和/home 文件系统,每个部分有不同的作用。

每台机器都有根文件系统,它包含系统引导和使其他文件系统得以装入所必需的文件,根文件系统应该有单用户状态必需的足够的内容,还应该包括修复损坏系统、恢复备份等的工具。

/usr 文件系统包含所有命令、库、man 页和其他操作中所需的不改变的文件。这样,此文件系统中的文件可以通过网络共享,从而节省了磁盘空间,且易于管理(当升级应用时,只需要改变主/usr,而不需要改变每台机器)。如果此文件系统在本地盘上,我们可以使用只读模式进行装载分区操作,以减少系统崩溃时文件系统的损坏。

/var 文件系统包含会改变的文件,如 spool 目录(供邮件、新闻、打印机等使用)、log

文件、格式化的帮助文件和暂存文件。/var 下的所有内容可以保存在/usr 下的某个地方,比如在/usr/var 下,通过建立链接/var 指向/usr/var 目录。

/home 文件系统包含系统上的所有实际数据。一个大的/home 可以分为若干文件系统,但需要在/home 下增加下一级目录的名字,如/home/students、/home/staff 等。

虽然上面将目录树的不同部分称为文件系统,但它们不必是分离的文件系统。如果系统是小的单用户系统,而用户希望简单一些,可以将其放在一个文件系统中。根据磁盘容量和不同目的所需分配的空间,目录树也可以分到不同的文件系统中。重要的是使用标准的名字即让/var 和 usr 在同一分区上,名字/usr/lib/libc.a 和/var/adm/messages 必须能工作,例如将/var 下的文件移动到/usr/var,并将/var 作为/usr/var 的软链接。

Linux 文件结构根据目的来分组文件,即所有的命令放在一起,所有的数据放在一起,所有的文档放在一起等。另一个方法是根据所属的程序分组文件,即所有 Emacs 文件在一个目录中,所有 Text 文件在另一个目录中等。后一种方法的问题在于不便实现文件共享(程序来自经常同时包含静态可共享的文件和动态不可共享的文件),也不方便查找(例如,各个程序的 man 页存放在各自的目录下,使 man 程序查找它们极其困难)。

(2)根文件系统

根文件系统一般比较小,因为包括严格的文件和一个小的不经常改变的文件系统不容易损坏。若根文件系统损坏,那么只能用特定的方法(例如从软盘)引导系统。

除了可能的标准的系统引导映像(通常叫/vmlinuz)外,根目录一般不含有任何文件。所有其他文件在根文件系统的子目录中。

- /bin:引导启动所需的命令或普通用户可能使用的命令(在引导启动后)。
- /sbin:与/bin 类似,但不能由普通用户使用(如果必要且允许时可以使用)。
- /ete:特定机器的配置文件。
- /root:root 用户的 home 目录。
- /lib:根文件系统上的程序所需的共享库。
- /lib/modules:内核可加载模块,特别是那些恢复损坏系统时引导所必需的(例如网络和文件系统驱动)。
- /dev:设备文件。
- /tmp:临时文件。引导启动后运行的程序应该使用/var/tmp,而不是/tmp,因为前者可能在一个拥有更多空间的磁盘上。
- /boot:引导加载器(bootstap loader)使用的文件,如 LILO。内核映像也经常位于这个目录,而不是在根目录。如果有许多内核映像,这个目录可能变得很大,这时使用单独的文件系统更好。另一个理由是要确保内核映像必须在 IDE 硬盘的前 1024 柱面内。
- /mnt:系统管理员临时的安装点。程序并不自动支持安装到/mnt。/mnt 可以分为子目录(例如,/mnt/dosa 是使用 MS-DOS 文件系统的软驱,而/mnt/exta 是使用 ext2 文件系统的软驱)。
- /proe、/usr、/var、/home:其他文件系统的安装点。
- /etc 目录:/etc 目录包含很多文件,许多网络配置文件也在/ete 中。
- /etc/rc、/etc/rc.d 或/etc/rc＊.d:启动或改变运行级时运行的脚本或脚本的目录。

• /etc/passwd:用户数据库,其中的域给出了用户名、真实姓名、home 目录、加密的口令和用户的其他信息。

• /etc/fdprm:软盘参数表。说明不同的软盘格式,用 setdprm 设置。

• /etc/fstab:启动时,mount -a 命令(在/etc/rc 或等效的启动文件中)自动安装的文件系统列表。在 Linux 下,也包括用 swapon -a 启用的交换区的信息。

• /etc/group:与/etc/passwd 类似,但说明的不是用户而是组。

• /etc/inittab:init 的配置文件。

• /etc/issue:getty 在登录提示符前的输出信息。通常包括系统的简短说明或欢迎信息,该内容由系统管理员确定。

• /etc/magic:file 的配置文件。包含不同文件格式的说明,file 基于它来猜测文件类型。

• /etc/motd:成功登录后自动输出的内容。内容由系统管理员确定,经常用于通告信息,如计划关机时间的警告。

• /etc/mtab:当前安装的文件系统列表。由脚本初始化,并由 mount 命令自动更新。需要获取当前安装的文件系统的列表时可使用 df 命令。

• /etc/shadow:安装了影子口令软件的系统上的影子口令文件。影子口令文件将/etc/passwd 文件中的加密口令移动到/etc/shadow 中,而后者只对 root 可读,这使破译口令更困难。

• /etc/login.defs:login 命令的配置文件。

• /etc/printeap:与/etc/temcap 类似,但针对打印机,语法不同。

• /etc/profile、/etc/csh.login、/etc/csh.cshrc:登录或启动 Bourne shell 或 C shell 执行的文件。这允许系统管理员为所有用户建立全局默认环境。

• /etc/securetty:确认安全终端,即哪个终端允许 root 登录。一般只列出虚拟控制台,这样非授权用户就不可能(至少很困难)通过 modem 或网络闯入系统并得到超级用户特权。

• /etc/shells:列出可信任的 shell。chsh 命令允许用户在本文件指定范围内改变登录 shell。一台提供 FTP 服务的机器,它的 ftpd 服务进程检查用户 shell 是否列在/etc/shells 文件中,如果不是将不允许该用户登录。

• /etc/termcap:终端性能数据库。说明不同的终端用什么"转义序列"控制。写程序时不直接输出转义序列(这样只能工作于特定品牌的终端),而是从/etc/termcap 中查找要做的工作的正确序列。这样,多数的程序可以在多数终端上运行。

• /dev 目录:包括所有设备的设备文件。设备文件用特定的约定命名。

• /usr 文件系统:/usr 里的文件一般来自 Linux 发行版;本地安装的程序和其他内容在/usr/local 下,这样在升级新版系统或有新发行版时不需要重新安装全部程序。

• /usr/X386:与/usr/X11R6 类似,只不过是供 X11 Release 5 使用。

• /usr/bin:包括几乎所有用户命令。有些命令在/bin 或/usr/local/bin 中。

• /usr/sbin:根文件系统不必要的系统管理命令,例如多数服务程序。

• /usr/man、/usr/info、/usr/doc:手册页、GNU 信息文档和各种其他文档文件。

- /usr/inchde：C 编程语言的头文件。为了一致性，它实际上应该在/usr/lib 下，但传统上支持这个名字。

- /usr/lib：lib 来源于库（library），存放编程的原始库和程序或子系统的不变的数据文件。

- /usr/local：保存本地安装的软件和其他文件。

- /var 文件系统：包括系统一般运行时要改变的数据。每个系统是特定的，即不通过网络与其他计算机共享。

- /var/catman：存放格式化时的 man 页的缓存。man 页的源文件一般保存在/usr/man/man＊中；有些 man 页可能有预格式化的版本，保存在/usr/man/cat＊中。而其他的 man 页在第一次看时需要格式化，格式化后的版本保存在/var/man 中，这样其他人再看相同的页时就不需要等待格式化了。（/var/catman 经常被清除，就像清除临时目录一样）

- /var/lib：系统正常运行时要改变的文件。

- /var/local：/usr/local 中安装的程序的可变数据（即系统管理员安装的程序）。注意，如果有必要，本地安装的程序也会使用其他/var 目录，例如/var/lock。

- /var/lock：锁定文件。许多程序遵循在/var/lock 中产生一个锁定文件的约定，以说明它们正在使用某个特定的设备或文件。其他程序注意到这个锁定文件，将不再试图使用这个设备或文件。

- /var/log：各种程序的日志文件，特别是 login（/var/log/wtmp 中记录了所有到系统的登录和注销）和 syslog（/var/log/messages 里存储所有内核和系统程序信息）。/var/log 里的文件经常增长，应该定期清除。

- /var/run：保存到下次引导前有效的关于系统的信息文件。例如，/var/run/utmp 包含当前登录的用户的信息。

- /var/spool：邮件、新闻、打印队列和其他队列工作的目录。每个不同的 spool 在/var/spool 下有自己的子目录，例如，用户的邮箱在/var/spool/mail 目录中。

- /var/tmp：比/tmp 允许的大或需要存在较长时间的临时文件。

- /proc 文件系统：/proc 文件系统是一个假的文件系统。它不在某个磁盘上，而是由内核在内存中产生，用于提供关于系统的信息。下面说明一些重要的文件和目录：

/proc/1：关于进程 1 的信息目录，每个进程在/proc 下有一个名为其进程号的目录。

/proc/cpuinfo：处理器信息，如类型、制造商、型号和性能。

/proc/devices：当前运行的核心配置的设备驱动的列表。

/proc/dma：显示当前使用的 DMA 通道。

/proc/filesystems：内核配置的文件系统。

/proc/interrupts：显示使用的中断。

/proc/ioports：当前使用的 I/O 端口。

/proc/kcore：系统物理内存映像。与物理内存大小完全一样，但实际不会占用这么大内存。

/proc/kmsg：内核输出的消息，也被送到 syslog。

/proc/ksyms：内核符号表。

/proc/loadavg：系统"平均负载"，3 个指示器分别指出系统当前的工作量。

/proc/meminfo：存储器使用信息，包括物理内存和交换内存使用情况。

/proc/modules：当前加载了哪些内核模块。

/proc/net：网络协议状态信息。

/proc/self：查看/proc 的程序的进程目录的软链接。当 2 个进程查看/proc 时，它们是不同的链接，这样便于程序得到它自己的进程目录。

- proc/stat：保存系统的不同状态，如从上次启动后的出错情况。
- /proc/uptime：系统启动的时间长度。
- /proc/version：内核版本。

5.注意事项

(1)用命令操作时，可以结合图形窗口界面，以检查命令操作的结果。

(2)有些操作可以通过不同的命令来实现，注意总结并体会其中的异同。

7.4 配置网络服务

1.实验目的

(1)掌握用 ifconfig、setup 命令配置 Linux 操作系统网络功能的技能。

(2)深入理解 Linux 网络的基本概念。

2.实验环境

(1)PC 一台(已安装 Red Hat Linux 9 操作系统)。

(2)该 PC 通过以太网卡接入局域网。

3.实验过程

Linux 系统通过 TCP/IP 协议与网络连接，处理 IP 分组在网络中的传输。TCP 协议用于可靠地发送和接收数据，进而使用 DNS 协议提供地址解析功能，文件传输协议(FTP)提供了文件传输的功能等。

管理和配置 Linux 系统上的 TCP/IP 网络功能并不复杂。安装 Linux 系统时，在"网络配置"过程中可以看到，"网络设备"一栏的以太网卡的设备名称为"eth0"，同时可进行 IP 地址、主机名、子网掩码、域名服务器的配置。另外，系统上存在很多配置文件可以用于设置和维护网络，也可以使用网络配置命令，如 ifconfig、setup 命令等来配置网络。

(1)ifconfig 命令的使用

ifconfig 命令用于显示网络设备的工作状态和目前的设置，还可以用来设置网络设备，包括网络设备的名称、IP 地址、子网掩码和广播地址等。

下面介绍 ifconfig 命令的不同选项的功能：

- ifconfig 后无选项：显示主机所有网络设备的信息，包括名称、IP 地址、子网掩码、广播地址等。
- ifconfig<设备名称>：查看指定网络设备的信息。

- ifconfig＜设备名称＞up/down：启动或关闭指定的网络设备。
- ifconfig＜设备名称＞add＜IP地址＞：设置网络设备的IP地址。
- ifconfig＜设备名称＞＜IP地址＞：指定网络设备的IP地址，即将网络设备地址设置为＜IP地址＞的值。
- ifconfig＜设备名称＞del＜IP地址＞：删除网络设备的IP地址。
- ifconfig＜设备名称＞netmask＜子网掩码＞：设置网络设备的子网掩码。
- ifconfig＜设备名称＞broadcast＜地址＞：将要送往指定地址的数据分组当成广播数据分组来处理（即设置广播地址）。

下面给出了一些例子：

①查看主机上所有网络设备的信息，命令为"ifconfig"。

②将名称为eth0的网络设备（即以太网卡）的IP地址设置为199.35.209.71，命令为"ifconfig eth0 199.35.209.71"或"ifconfig eth0 add 199.35.209.71"。用ifconfig命令检查配置情况，并注意观察eth0的广播地址和子网掩码等。

③将名称为eth0的网络设备的IP地址改为199.35.209.72，命令为"ifconfig eth0 199.35.209.72"。

④将eth0的子网掩码设置为255.255.0.0，命令为"ifconfig eth0 netmask 255.255.0.0"。

⑤将eth0的广播地址设置为199.35.255.255，命令为"ifconfig eth0 broadcast 199.35.255.255"。

⑥关闭网络设备eth0，命令为"ifconfg eth0 down"。

⑦启动网络设备eth0，命令为"ifconfg eth0 up"。

（2）setup命令的使用

setup命令是一个用于设置的公用程序，提供基于文本的图形界面的操作方式。在setup中可设置7类选项：Authentication configuration（登录认证方式配置）、Firewall configuration（防火墙配置）、Mouse configuration（鼠标配置）、Network configuration（网络配置）、Printer configuration（打印机配置）、System services（系统服务配置）、Timezone configuration（时区配置）。

这里主要介绍网络设置功能。键入"setup"命令，进入如图7-8所示的界面，用上、下方向键选中要配置的项目，用左、右方向键选中"Run Tool"（运行工具）或"Quit"（退出），按回车键确定所选项。这里我们选择"Network configuration"，进入图7-9所示的界面。

在图7-9所示的界面中进行网络配置，包括配置IP地址、子网掩码、默认网关和首选域名服务器。

可以用空格键选择"Use dynamic IP coniguration"（使用动态IP地址配置），或用方向键进入手动配置。如果要手动配置IP地址169.254.133.26，可在"IP address"一栏输入IP地址，键入回车键。此时会发现，Netmask（子网掩码）、Default gateway（默认网关）、Primary nameserver（首选域名服务器）都会依据输入的IP地址自动添加默认值，如图7-10所示。当然，可以根据实际需要进行修改。选择"OK"按钮即完成本次配置，回到setup的开始界面，继续进行其他配置。

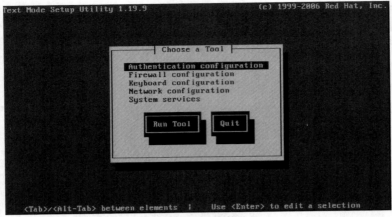

图 7-8　setup 的开始界面

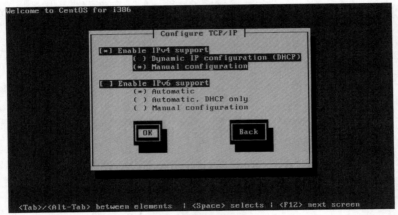

图 7-9　配置网络地址

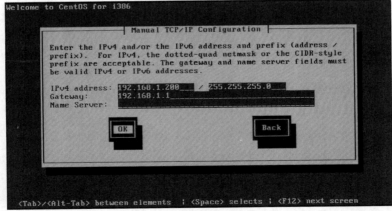

图 7-10　配置动态 IP 地址

4.注意事项

　　用 setup 命令配置网络 IP 地址后,可键入"ifconfig"命令查看当前网络设备的配置情况,以检查操作的结果是否正确。

7.5　FTP 服务器的配置

1.实验目的

（1）掌握在 Linux 操作系统中安装和配置 FTP 服务器的技能。

（2）深入理解 Linux 操作系统中 FTP 服务器的工作原理。

2.实验环境

（1）PC 一台（已安装 Red Hat Linux 9 操作系统）。

（2）该 PC 通过以太网卡接入局域网。

3.实验过程

（1）编译 FTP 软件包

在安装系统时，如果选择了 wu-ftpd 软件包，就会自动安装该软件。如果我们想使用最新的 FTP 软件包，可以到相应的因特网站点进行下载。目前常用的版本是 wu-ftpd-2.5.0，获得 wu-ftpd-2.5.0.tar.gz 后，按下列步骤进行安装。

①将 wu-ftpd-2.5.0.tar.gz 复制到临时目录中并解压缩，命令为"tar zxvf wu-ftpd-2.5.0.tar.gz"。

进入解压缩产生的目录 wu-ftpd-2.5.0，在开始安装之前请仔细阅读其中的 README、INSTALL 等文件，以了解安装时需要注意的事项。

②编译 wu-ftpd-2.5.0 的源程序，命令为"./bulid lnx"。这条命令将编译 Linux 系统使用 wu-ftpd 所需的服务程序，如果一切正常的话，将产生如下几个可执行文件：

- ftpd：FTP 服务程序。
- ftpshut：关闭 FTP 服务的程序。
- ftpcount：显示 FTP 服务器目前连接的人数。
- ftpwho：查看目前的使用者。

③将编译生成的可执行文件和帮助文件安装到系统中，命令为"make install"。

④修改/etc/inetd.conf 文件，加入如下一行："ftp stream tcp nowait root/usr/sbin/tcpd in.ftpd-l-a"。

如果系统中以前安装了 wu-ftpd，这一步则可以省略，安装程序会自动更新/etc/ined.conf 文件有关 FTP 的记录项。

⑤如果想为 FTP 用户提供压缩/解压缩的功能，我们还需要将 tar、gzip、compress、copio 和 sh 等可执行文件复制到/home/ftp/bin 目录下。此外，还需要将 ls 命令复制到/home/ftp/bin 中，以便使用者查看目录。

因为复制到/home/ftp/bin 目录下的命令程序有可能是动态链接的，所以它们在运行时还需要共享函数库，因此要将它们运行时需要用到的共享库复制到/home/ftp/lib 目录中。可以使用"ldd"命令检查命令程序需要的共享库。例如，对于"Is"命令，我们使用"ldd/usr/bin/Is"命令就可以得到如下的输出：

```
ldd/usr/bin/ls
libc.so.6 => /lib/libc.so.6（0x40003000）
```

/lib/ld-linux.so.2 = > /lib/ld-linux.so.2（0x00000000）

这样，我们就需要将/lib/libc.so.6 和/lib/ld-linux.so.2 复制到/home/ftp/lib 目录中。其他命令所需的共享库，也可以参照上面的方法找出并复制到/home/ftp/lib 目录中。

接下来复制/etc/passwd 和/etc/group 文件到/home/ftp/etc，并删除其中的个人用户和个人用户组的信息。可以按照下面的例子修改：

/home/ftp/etc/passwd 文件

root：*：0：0：：：

bin：*：1：1：：：

operator：*：11：0：：：

nobody：*：99：99：：：

ftp：*：1000：1000：：：

/home/ftp/etc/group 文件 root：：0：

bin：：1：

daemon：：2：

sys：：3：

adm：：4：

ftp：：1000：

为了确保提供 FTP 服务不会给系统带来安全隐患，我们还需要采取以下工作加强系统安全：

chmod 0555/home/ftp

chmod 0111/home/ftp/bin/ *

chmod 0555/home/ftp/lib/ *

chmid 0444/home/ftp/etc/ *

（2）配置 FTP 服务器

在安装好 wu-ftpd 之后，我们还需要定制 FTP 服务器。为了使 FTP 服务器实现所希望的功能，要修改 ftpusers、ftpaccess、ftpconversions、xferlog、ftpgroups、ftphosts 等系统配置文件。下面先来看一下这些文件的功能以及配置它们的方法。

在解压缩后的 wu-ftpd-2.5.0 目录中的 doc/examples 目录下，我们可以找到以下文件的示例。

• /etc/ftpaccess：该配置文件决定 FTP 服务器是否能够正常工作。此外，我们还可以在这个系统参数文件中设置多项有关使用权限的记录，以及与信息有关的文件名称及路径。

• /etc/ftpusers：决定哪些账户不可以执行 FTP 命令来传输文件，这些账户通常是 root、bin、news 以及 guest 等有特殊用途的账户。

• /etc/ftpcoversions：配置该文件可以使用户在通过 FTP 传输文件的同时，对文件进行压缩打包等处理。

• /etc/ftphosts：决定哪些网络中的主机或用户不能访问 FTP 服务器的文件。

• /etc/ftpgroups：创建用户组，这个组中的成员预先定义可以访问 FTP 服务器。

• /var/log/xferlog：FTP 日志文件，该文件将记录使用匿名账户的用户所上传或下载过的文件。该文件记录 FTP 信息，我们不需要对它进行配置。

大致了解了各个设置文件的功能以后，接下来介绍这些文件中的内容，以及如何配置这些文件。

我们前面介绍的 wu-ftpd 的大多数功能都是在 ftpaccess 文件中设置的。我们不必自己编写这个文件，只要修改一下 doc/examples/ftpaccess.heavy 就能适用于大多数 FTP 服务器。下面我们将以配置 wu-ftpd-2.5.0 的/etc/fpaccess 示例文件 ftpaccess.heavy 为例来说明这一点。

先设置用户登录 FTP 服务器时允许输错密码的次数。loginfails 2 表示允许用户输错两次密码，如果两次都输入错误的话，FTP 服务器打印"repeated login failures"信息，并退出 FTP 会话过程。如不设置，则默认值是 5。

class 命令用来定义用户级别，它的格式为：

class <class> <typelist> <addrglob> [<addrglob>]

FTP 服务器上有 3 种类型的使用者，分别是"real"（即在该 FTP 服务器上有合法账户的用户）、"gesr"（即另行定义的某些使用组的使用者）和"anonymous"（即权限最低的匿名用户）。只有这 3 种定义通常是不够的，我们可以根据 elas 的语法定义更多的控制。例如：

class remote real, guest, anonymous *

这条 class 语句定义 remote 中有 3 种不同的使用者，"*"表示网络上所有的计算机，也就是说任何人都可以访问 FTP 服务器，一般的匿名 FTP 站点都应该有这一项。如果我们希望某台主机或网络中的机器具有特殊权限，那么我们可以按如下方式设置 class：

class local real, guest, anonymous localhost

这表示本地主机的类别被定义为 local，当我们从主机连接到 FTP 服务器时，就可以用较为特别的权限。

下面是 ftpacces.heavy 文件指定的两个 class 定义，它将来自 *.domain 的主机和本地主机归为 local 组，而其他的主机则属于 remote 组。

class local real, guest, anonymous *.domain 0.0.0.0

class remote real, guest, anonymous *

我们使用 limit 命令设置某个时间段的 FTP 用户数量。如果超出规定的人数，则打印/etc/msgs/msgs.toomany 文件并拒绝用户登录。例如：

limit local 20 Any/etc/msgs/msgs.toomany

限制 local 组的机器在同一时间内最多允许 20 人连接 FTP 服务器。如果超过这个限制，则打印/etc/msgs/msgs.toomany 文件，显示当前在线人数太多。FTP 的说明文件可以包含变量，在说明文件中可以使用"变量替换"（magic cookies）以指定的字符串代替某个变量：

• %T：本地时间。

• %F：CWD 所在分区的剩余空间。

• %C：当前工作目录。

- ％E：定义在 ftpaccess 文件中的维护者的电子邮件地址。
- ％R：远程主机名称。
- ％L：本地主机名称。
- ％U：登录时所给的用户名称。
- ％M：该 class 允许的最大使用者数目。
- ％N：该 class 目前的使用者数目。

readme 命令的作用是指定用户登录或进行其他操作（如更换目录）时 FTP 服务器提示用户阅读的文件。

```
readme README * login
readme README * cwa = *
```

messages 命令主要用于设置一些 FTP 的显示信息，如下例中的"message/welcome. msg login"就表示用户登录时，将显示/home/ftp 目录下的 welcome.msg 作为登录主界面。注意，服务器都是以 home/ftp 目录为根目录的，所以要写成/welcome.msg。而"message.message cwd＝ *"则定义用户在更换目录时将显示在目录下的文件。

```
message/welcome.msg login
message. message cwd = *
```

下面两条语句定义的是允许从 local 和 remote 登录的计算机在传输文件时，可执行 compress 压缩文件或使用 tar 命令将多个文件打包成一个文件。

compress yes local remote

tar yes local remote

下面的语句定义是否允许 SITE GROUP 命令和 SITE GPASS 命令使用加密文件。

allow use of private file for SITE GROUP and SITE GPASS?

private yes

接下来谈一谈设置密码检查的规则。FTP 服务器要求匿名用户使用其电子邮件地址作为密码，我们可以使用 paswd-check 来查看用户是否输入一个类似于 user@hostname 形式的 E-mail 地址，none 表示不进行密码检查；trivial 表示密码必须含有"@"；而使用 rfc822 时，表示密码必须满足 rfc822 规定的地址。当密码不符合要求时，warn 表示给予警告，但依然允许用户登录，而 enforce 则表示警告并使用户退出。

passwd-check ＜none ｜ trivial ｜ rfc822＞ [＜enforce ｜ warn＞]

passwd-check rfc822 warn

log commands ＜typelist＞记录＜typelist＞类型（可以是 anonymous、guest 和 real）用户使用的命令。log transfer ＜typelist＞ ＜directions＞记录＜rypelist＞类型的用户进行的＜directions＞（可以为 inbound 和 outbound，inbound 表示传进服务器，outbound 表示传出服务器）方向的文件传输。

log commands real

log transfers anonymous, real inbound, outbound

通过命令"shutdown＜path＞"，FTP 服务器将定期检查＜path＞文件以查看服务器是否到达预定关闭的时间，如果到达关闭的时间就立即关闭 ftp 服务。＜path＞文件的格式为：

<year> <month> <day> <hour> <minute> <deny_offset> <disc_offset> <text>

<deny_offset>和<disc_offset>表示服务器关闭之前的多长时间会拒绝和终止新的登录请求和现有的连接。<text>是提示给拒绝连接的用户的一段信息。例如：

2017 10 25 00：00 0010 0005

System shutdown at %s

表示 2017 年 10 月 25 日 00：00 关闭 FTP 服务器,在关闭服务器之前 10 分钟拒绝连接,之前 5 分钟中断正在连接的 FTP 服务。

我们用外部程序 ftpshut 来产生<path>文件,用于关机设定。ftpshut 命令的格式为：

ftpshut <−1 *min*> <−d *min*> time <说明>

-l 参数设定在关闭 FTP 服务器功能前多少分钟停止用户连接。

-d 参数设定在关闭 FTP 服务器功能前多少分钟切断用户连接。

time 指定关闭服务器的时间,00：00 时间则写为 0000。

那么,上面的文件可以通过如下的命令来产生：

ftpshut 0000

shutdown/etc/shutmsg

下面的语句设置用户在 FTP 服务器上可以使用的命令,我们可以看到,所有的命令后面都是"no",也就是说 guest 用户不能使用 delete、overwrite、rename 命令,而 anonymous 则不能使用下述任何命令。只有 real 用户可以使用下述所有命令。

all the following default to "yes" for everybody

delete no guest ,anonymous delete permission?

overwrite no guest ,anonymous overwrite permission?

rename no guest, anonymous rename permission?

chmod no anonymous chmod permission?

umask no anonymous umask permission?

在下面例子中,/var/ftp 目录下的/incoming 目录可以用来上传文件,上传文件的属组是 root,组别是 daemon,读取权限是 0600,dirs 表示在/incoming 目录中可以创建子目录。

specify the upload directory information

upload /var/ftp * no nobody nogroup 0000 nodirs

upload /var/ftp /bin no

upload /var/ftp /etc no

upload /var/ftp /incoming yes root daemon 0600 dirs

下面的语句为/incoming 目录设置路径别名为"inc：",用户只要使用命令"cd inc："就可以到达/incoming 目录。

directory aliases... [note, the "：" is not required]

alias inc：/incoming

cdpath 的作用是定义在 ftp 会话中,用户通过使用 cd 命令改变目录时使用的搜索路径。如果我们定义"cdpath/incoming/test""cdpah/pub""cdpath/",那么用户通过 cd 命令转到一个目录时,将按照设定的路径顺序进行查找。比如 cd test,那么将依次搜寻/incoming/test、/pub/test、/test 以寻找一个符合 test 目录的路径。

　　path-filter 的功能是检查用户上传文件的文件名是否合法。例如，下面第一条命令就是指定所有的匿名用户上传的文件名只能由 A～Z、a～z、0～9 以及"."、"-"、"-"组成，而不能以"."或"-"开始。如果文件名不合法，将向该用户显示/etc/pathmsg。

　　path-filter anonymous /etc/pathmsg ^[-A-Za-z0-9_.] * $ ^.~-

　　path-filter guest/etc/pathmsg ^[-A-Za-z0-9_.] * $ ^.~-

设置 guest 用户的命令如下：

specify which group of users will be treated as "guests".

guestgroup ftponly

FTP 服务器管理员的邮件地址为：

email user@ hostname

　　以上是一些 ftpaccess 常用的设置，也可以参考 ftpaccess 的 man 页来获得更详细的配置信息。

　　通过 ftpusers 文件，我们可以限制系统中有哪些用户不能使用 FTP 服务。ftphosts 文件与之类似，不同的是该文件中记录的是不能访问 FTP 服务器的主机。这样做的目的是为了保证系统安全。wu-ftpd 为我们准备了这两个文件的示例，我们可以在 examples 目录中找到它们。下面是 ftpusers 文件设置的例子。

　　禁止使用 FTP 服务的用户包括 roor、bin、boot、daemon、digital、field、gateway、guest、nobody、operator、ris、sccs 和 uucp，限制这些用户使用 FTP 服务器主要是基于系统安全的考虑，避免权限大的用户（如 root、ftpadm）登录 FTP 服务器和使用系统命令作为账号（如 shutdown、sync），以防出现系统管理方面的问题。我们可以根据自己的需家，向该文件中增加或删除用户并将它复制到/etc 目录中。

　　如果我们设置的是匿名 FTP 服务器，通常不需要设置 ftphosts 文件。对于其他类型的 FTP 服务器，可以参考 examples/ftphosts 文件的格式结合自己的情况进行修改，然后复制到/etc 目录中即可。下面给出了 examples/ftphosts 文件，该文件允许网络 somehost.domain 中的用户 ftp 访问 FTP 服务器（somehost.domain 可以是 IP 地址或域名），但禁止网络 otherhost.domain 和网络 131.211.32. * 中的用户 fred 访问 FTP 服务器。

　　♯
　　♯ ftphosts 文件配置示例,allow 和 deny 的格式分别为：
　　♯ allow <username> <hostname or domain>
　　♯ deny <username> <hostname or domain>
　　♯
　　♯ 以"♯"开头的均为注释,空行将被忽略
　　♯
　　allow ftp somehost. domain
　　deny fred otherhost. domain 131.211.32. *

　　至此，匿名 FTP 服务器的架设工作基本完成了，我们可以用 FTP 命令连接自己的服务器，检查合法用户和匿名用户的连接情况以及各个目录的权限是否正确。之后就可以

准备使用 FTP 服务了。

4.相关概念

（1）FTP 服务

通过 FTP，我们可与远程机器交换数据文件。FTP 服务器根据服务的对象可以分为两种：一种是 UNIX（当然也包括 Linux），系统基本的 FTP 服务器，使用者是服务器上合法的用户；另一种是匿名 FTP 服务器，任何人只要使用 anonmous 或 FTP 账户并提供电子邮件地址作为口令就可以使用 FTP 服务。对于系统中合法的用户，其登录目录为他们的 home 目录；如果是匿名用户登录，登录后会进入/home/ftp 目录，除非我们在该目录中存放下载文件，否则匿名 FTP 使用者将不能进行任何操作。

（2）FTP 的常用命令

FTP 命令是因特网用户使用最频繁的命令之一，熟悉并灵活应用 FTP 的内部命令可以大大方便使用者。FTP 的命令行格式为"ftp -v -d -i -n -g［主机名］"，其中：

- -v：显示远程服务器的所有响应信息。
- -d：使用调试方式。
- -i：关闭在传输文件时的提示。
- -n：限制 FTP 的自动登录，即不使用。
- -g：取消全局文件名。

FTP 使用的内部命令的详细信息可参阅相关文档。

5.注意事项

配置好 FTP 服务器后，可键入 ftp server_ip，然后输入用户名和口令检查服务器配置的状态是否正确。

参考文献

[1] 江荣安.计算机网络实验教程[M].大连:大连理工大学出版社,2007.

[2] James F.Kurose.计算机网络——自顶向下方法与 Internet 特色[M].3 版.陈鸣,
    等译.北京:机械工业出版社,2005.

[3] 谢希仁.计算机网络[M].6 版.北京:电子工业出版社,2013.

[4] 安淑芝等.计算机网络[M].2 版.北京:中国铁道出版社,2005.

[5] 李名世等.计算机网络实验教程[M].2 版.北京:高等教育出版社,2009.